现代包装材料加工与应用研究

郭 丽 ◎ 著

中国商业出版社

图书在版编目(CIP)数据

现代包装材料加工与应用研究 / 郭丽著. -- 北京：中国商业出版社，2017.7
ISBN 978-7-5044-9990-5

Ⅰ．①现… Ⅱ．①郭… Ⅲ．①包装材料－研究 Ⅳ．①TB484

中国版本图书馆 CIP 数据核字(2017)第 189073 号

责任编辑：武维胜

中国商业出版社出版发行
010－63180647　www.c_cbook.com
(100053　北京广安门内报国寺 1 号)
新华书店总店北京发行所经销
廊坊市国彩印刷有限公司

* * * *

787 毫米×1092 毫米　16 开　17 印张　220 千字
2018 年 5 月第 1 版　2018 年 5 月第 1 次印刷
定价：60.00 元

* * * *

(如有印装质量问题可更换)

前　言

每一个消费者对于包装并不会感到陌生,包装从传统到现代的发展是人类生产方式的进步的见证,也是人类生活水平的提高的显现。世界上任何一个民族、国家,每一个进入现代社会的人,每时每日都会接触到商品,接触到形形色色的包装。包装发展至今,已经与经济发展、科技进步和人类的生活质量密切相关。人们对包装的关注已经不再仅仅局限于原有的实用功能,而是更加注重它的艺术性以及所使用的材质。于是,包装材料逐渐受到重视。对包装材料的研究是发展包装技术、提高包装质量、促进销售和降低包装成本的基础。只有认真研究包装材料的组成、结构、性质、使用范围和发展趋势,才能扩大包装材料商品来源、采用新的绿色包装材料和加工新技术、创造新型的包装容器与包装技术方法,提高包装技术和管理水平。

在这样一个趋势下,对于包装材料的研究也层出不穷,但是包装材料的研究与探讨归根结底还是要运用到实践中去,因此,本书即从实践的角度出发,对各种不同的包装材料的加工以及运用进行了细致的分析,既有理论研究,同时也不脱离实际运用。

本书共分七章,分别讲述了包装材料的基础知识,重点论述了纸张、塑料、金属、玻璃、复合包装材料的加工与运用,同时对于包装辅助材料,例如胶粘剂与涂料等进行分析,并探讨了它们的加工技术。书中对各种材料的组成、结构、性质、作用原理以及在包装中的应用等作了较全面的论述,并编入了一定的生产实例,以提高读者解决实际问题的能力。

本书最大的特点就是思路清晰、有层次,对于包装实例的选择新颖,理论阐述深入浅出,使读者易读易懂。尤其是本书对于包装材料的选择谨慎考量,以突出重点,使读者在阅读学习的过程中有所重视。同时,本书吸收借鉴了最新的科研以及实践成果,在内容方面具有时代特色。

笔者在撰写本书时,得益于许多同仁前辈的研究成果,既受益匪浅,也深感自身所存在的不足。希望读者阅读本书之后,在得到收获的同时对本书提出更多的批评建议,也希望有更多的研究学者可以继续对包装材料学这一年轻的学科进行研究,以促进其理论发展。

作 者

2017 年 7 月

目 录

第一章　现代包装材料概述 ·· 1
　第一节　包装材料的基本性能 ·· 1
　第二节　包装材料的分类 ··· 3
　第三节　包装材料选择的原则 ·· 5
　第四节　现代包装材料的多元化设计 ··································· 6
第二章　纸包装材料的加工与应用 ··· 14
　第一节　纸包装材料的特性 ··· 14
　第二节　纸包装的分类 ·· 15
　第三节　纸包装材料的加工技术 ·· 31
　第四节　纸包装材料的应用 ··· 44
第三章　塑料包装材料的加工与应用 ····································· 62
　第一节　塑料包装材料的特性 ··· 62
　第二节　塑料的组成及塑料包装材料的种类 ······················ 81
　第三节　塑料包装材料的加工技术 ···································· 87
　第四节　塑料包装材料的应用 ··· 106
第四章　金属包装材料的加工与应用 ····································· 110
　第一节　金属包装材料的特性 ··· 110
　第二节　金属包装材料的分类 ··· 111
　第三节　金属包装材料的加工技术 ···································· 122
　第四节　金属包装材料的应用 ··· 132
第五章　玻璃与陶瓷包装材料的加工与应用 ·························· 137
　第一节　玻璃与陶瓷包装材料的特性 ································· 137
　第二节　玻璃与陶瓷包装材料的分类 ································· 149

第三节　玻璃与陶瓷包装材料的加工技术 …………… 155
　　第四节　玻璃与陶瓷包装材料的应用 ……………………… 179
第六章　复合包装材料的加工与应用 …………………………… 197
　　第一节　复合包装材料的特性 ……………………………… 197
　　第二节　复合包装材料的构成与分类 …………………… 201
　　第三节　复合包装材料的加工技术 ……………………… 215
　　第四节　复合包装材料的应用 ……………………………… 220
第七章　包装辅助材料与其他包装材料加工技术 …………… 228
　　第一节　包装用胶黏剂与涂料 …………………………… 228
　　第二节　其他包装材料加工技术 ………………………… 246
参考文献 ……………………………………………………………… 264

第一章 现代包装材料概述

包装材料是用于制造包装容器和构成产品包装的材料总称。它包括运输包装、销售包装、印刷包装等有关材料及包装辅助材料,如纸、金属、塑料、玻璃、陶瓷、木材、漆器、竹与野生藤草类、天然纤维与化学纤维、复合材料等,也包括缓冲材料、涂料、胶粘剂、捆扎用的绳和带、其他辅助材料等。对包装材料的研究是整个包装行业中最为活跃的研究方向。包装质量的好坏,绝大部分取决于包装材料的性能。包装新材料与包装新技术都是每一个包装企业或科研院所首选的研究方向。不利于环保的包装材料,急待取代。新型的包装材料正需开发,有的已初见成效。

第一节 包装材料的基本性能

包装材料的性能涉及许多方面,从现代包装所具有的使用价值来看,包装材料应具有以下几个方面的性能。

一、良好的保护性

良好的保护性是包装材料所应该具有的最基本特性。包装材料要能很好地保护内容物,使产品安全顺利地到达消费者手中。由于产品本身具有不同的特性,因此要求包装材料也有不同性能的保护性,如防潮性、防水性、耐酸性、耐碱性、耐腐蚀性、耐热性、耐寒性、透光性、透气性、防紫外线穿透性、耐油性、适应气温变化性、无毒、无异味、耐压性、抗震性以及具有一定的机械强度等。

二、易于加工操作性

易于加工操作性是指根据包装设计要求,容易加工成型,如易于加工成所需容器、形态结构、盒子造型等。易于包装、易于填充、易于封合,能适应自动化操作,以适应大规模工业化生产的需要。总之,要给生产制作过程带来方便,以提高生产效率。

三、便于使用性

由包装材料制作的容器、外盒包装等,应该便于消费者使用,不应该带来不必要的麻烦,尤其是不能有不安全的因素,应排除不必要的隐患。要便于取出、放进,便于开启与再封闭。所选材料要有耐久性,要处处以人为本,考虑周详,使消费者在使用产品过程中得到一种关爱。

四、视觉审美性

包装材料本身具有不同的质感、色彩、肌理,具有一定的审美性,能产生较好的视觉效果,能满足不同消费者的审美需求。设计师应充分利用包装材料本身所具有的美感,对其性能有所研究,对材料的透明度、表面光泽度、印刷的适应性、吸墨性、耐磨性等有所了解,以便在包装视觉信息设计时能最有效地利用好包装材料的美感,使其释放夺目的光彩。

五、经济性

包装材料应取材方便、广泛、成本低廉。在包装设计中应经济合理地使用材料,尽量节省包装总体费用。在包装设计的合理性方面,应使包装结构更加科学、紧凑,不浪费,不追求浮夸。尽可能地做到既能满足包装的功能需求,又少用包装材料而达到节省成本的功效。

六、易于回收性

包装材料要有利于环保和资源的节省。应选用绿色包装材料,以便于回收、复用、再生、便于生物降解或重新利用,对环境不造成损害。

总之,包装材料的各种性能是由材料本身所具有的特性和各种加工技术所赋予的。随着科学技术的不断发展,各种新材料、新技术、新工艺不断涌现,将有越来越多的新功能来满足日益发展的新产品包装需求。

第二节 包装材料的分类

包装材料的分类方法可以从不同的角度出发。按照包装材料的作用,可分为主要包装材料和辅助包装材料两个大类。主要包装材料是指用来制造包装容器的本体或包装物结构主体的材料;辅助包装材料是指装潢材料、黏合剂、封闭物和包装辅助物、封缄材和捆扎材等材料。而在实践中,常常是按照原材料种类不同或材料功能不同进行分类。

一、按照原材料种类分类

按照原材料种类进行分类是包装行业普遍采用的方法。

(1)纸质材料:包括纸、纸板、瓦楞纸板、蜂窝纸板和纸浆模塑制品等。

(2)合成高分子材料:包括塑料、橡胶、黏合剂和涂料等。

(3)金属材料:包括钢铁、铝、锡和铅等。

(4)玻璃与陶瓷材料。

(5)木材。

(6)复合材料。

(7)纤维材料:天然纤维、合成纤维、纺织品等。

(8)其他材料。

由于上述材料中第 1—4 类使用量最大,因而常常又将纸、塑、金、玻称为四大包装材料。这些材料的性质及用途将在以后的章节中适当介绍。

二、按照包装材料的功能、特性分类

(1)阻隔性包装材料:包括气体阻隔型、湿气(水蒸气)阻隔型、香味阻隔型和光阻隔型等。

(2)耐热包装材料:包括微波炉用包装材料、耐蒸煮塑料材料等。

(3)选择渗透性包装材料:包括氧气选择渗透、二氧化碳气选择渗透、水蒸气选择渗透、挥发性气体选择渗透等功能。

(4)保鲜性包装材料:如既有缓熟保鲜功能又有抑菌功能的材料等。

(5)导电性包装材料:其中包括抗静电包装材料、抗电磁波干扰包装材料等。

(6)分解性包装材料:包括生物分解型、光分解型、热分解型包装材料等。

(7)其他功能性包装材料。

近年来,随着人们对产品包装要求的不断提高,包装材料的功能要求也越来越高。除了上述一些功能外,根据学者对"功能"材料的定义,还包括防锈蚀包装材料、可食性包装材料、水溶性包装材料、环保性包装材料、绝缘性包装材料、阻燃性包装材料、无声性(静音性)包装材料、耐化学药品性包装材料、热敏性包装材料、吸水保水性包装材料、吸油性包装材料、抗菌防虫性包装材料、生物适应性包装材料等。

上述材料又称为功能(性)包装材料。对它们的研究要涉及多种学科,大多数属于高新技术开发的新材料领域,也代表了当前新型包装材料的发展方向。

第三节 包装材料选择的原则

不同的包装材料具有不同的性能,因此在选择包装材料时需遵循以下两个方面的原则。

一、依据产品需求进行选择

材料的选择不是随意的,要做到"有的放矢",符合产品特点,准确传递产品信息。例如液体产品,首先要考虑材料的密闭性,可以选择的材料有塑料、玻璃、陶瓷、金属,然后看产品是否具有腐蚀性和挥发性,是否需要避光,是不是有色液体,产品的档次如何,综合所有信息进行选择。

二、以经济环保为原则进行选择

包装应该以尽量少的投入获得尽量多的回报,材料的选择要适度为好,与品牌的形象和商品的特点相吻合,不必追求外观的华丽、昂贵。即便是高档包装,也可着眼于提升设计的品位,以寻求材料、造型、外观的和谐。

以纸制品为例,牛皮纸和瓦楞纸都属于价廉的材料,但是牛皮纸配合单色印刷往往可以营造出粗犷怀旧的氛围,瓦楞纸配合压印 Logo 能够具有高品质的印象,在高档包装中也常用,这样既可以保证设计要求,又能降低印刷成本,达到两全其美的效果(图1-1)。

图1-1　酒包装

包装材料的选择还要注重环保性,尽量选择可回收利用、可降解、加工无污染的材料,如能够使用纸质材料的,不要使用玻璃、木材、金属等材料。例如塑料材料可塑性强,价格低廉,但是不容易降解,尤其是塑料袋,很难回收利用,可以考虑使用纸制品、玻璃制品、可降解的新型塑料材料,或者制作可再利用的容器。

第四节　现代包装材料的多元化设计

一、新材料带来的新包装语汇

随着科学技术的不断向前发展,各种新型包装材料不断涌现,为现代包装设计增添了新的语汇。材料是存在于我们周围的一切事物。具体地说,它可以是有形的,也可以是无形的,甚至我们的思想和观念都可被视为艺术与设计的表达媒介——材料。同时,材料概念的内涵又随着人类文明的发展而不断扩展与延伸。今天的设计师已不满足于传统的表现手法,他们试图通过对材料的进一步开发,从平面中游离出来,逐渐走向空间。材料在现代设计师手中既是承载了艺术与设计思想的媒介,又常常被用来体现材质本身的魅力。

在现代产品包装设计中,材质的选用,能很好地体现设计的肌理特征,也能提升包装的整体设计水平,有些材质甚至能发展某种表层的视觉语言,如清凉、清爽、朴质、华丽等。就以纸而言,不同的纸质借着不同的质感,加上不同的处理方法使其产生更多的肌理语汇,如粗犷和细腻、光滑与粗糙、轻盈与厚重、柔软与生硬等,给人带来的知觉感受和传达的信息是不同的。人们对质感的要求随着时代的变化不断提高,这就要求设计师不断去发现新的、能打动人的材质、肌理,努力改变材料的特征和它的外在形式,在纷繁复杂的材料世界中发现新生命、新语汇。如今材料的引申意义已不只是让我们去直接地感受和简单地运用,而是要求我们在此基础上突破材料的原有属性并产生新的价值,加以深层的认识和把握,使材料不仅能在视觉功能的层面改写设计的含义,更在观念上为现代设计的发展提供可能性(图1-2)。

图1-2　香水 Diesel 设计

材料往往能激发设计师的灵感。设计在大部分构架中,必须为新开发出来的原材料找到新的用途,并利用它们来美化我们的世界,创造出更多的充满关怀、慰藉及诗意般的生活空间。其中,材料的视觉功能与触觉功能是艺术与设计表达中极为重要的组成部分,它们与作品是不可分割的,通常人们以为材质与肌理属于视觉问题,其实它给人触觉上的感觉远比视觉上的感觉更强烈。所以,材料所具有的特殊的质感、肌理,需要我们设计师去用心感悟、去触摸、去解读,更需要我们去进一步开发、挖掘。对材质的研究是一个永恒的课题,我们要学会善于吸取传统的精髓,结合时代的精神和新的需求,努力发现材质无限的可能性,应该动手接触各种材料,熟悉材料的固有特性和特征,强调在材料的实验和研究过程中发挥主动性和创造性,勇于实验,善于发现的潜质,敢于打破固有概念认识的局限,发掘其更深层的内涵并赋予它全新的定义。

面对现有的材料,要先去把握它;面对没有被利用过的材料,应去尝试它;面对司空见惯的材料,我们可以将其打破重组,使之成为新材料,产生新精神。在进行包装设计时,材质的运用要求与包装所承载的精神内涵相协调、相统一,要为能准确、有力地表达这一精神内涵去选择、去运用,以赋予包装新的定义与新的视觉、触觉语汇(图1-3)。

图1-3 伏特加设计

一般来说,材质在物理性质方面具有软与硬、轻与重、粗与细、强与弱、干与湿、冷与暖、疏与密、韧与脆、透明与不透明、可塑与不可塑、传热与不传热、有弹性与无弹性等属性。在肌理上则有规则与不规则、粗糙与细腻、反光与不反光等不同的表面肌理。与此同时,材质与肌理还具备有生命与无生命、新颖与古老、轻快与笨重、鲜活与老化、冷硬与松软等不同的心理效果,对它们的发现和获取需要我们具备敏锐的把握能力及独创的鉴赏力(图1-4)。

图1-4 母亲节钱包

此外,材质和肌理不仅仅具有很强的视觉效果,还具有一定的触觉、听觉、嗅觉和味觉效果,设计师要对材料的功能、特性做深入细致的研究与挖掘,以最佳的方式运用到包装形象的视觉设计中。无论是质朴的木材,还是神奇的玻璃;无论是如同大地般亲切的陶瓷,还是变幻莫测的塑料,都值得我们去细细品味,深入探讨。现在一般从事包装设计的人员对材料的研究不够重视,这在今后的设计中是应该避免的。在今天,生态与环境成为一个重要课题,从某种意义上讲,设计师承担着如何运用材料保护自然、维护自然生态平衡的重大责任。这是新时代赋予设计师的新使命(图1-5)。

图1-5 施华蔻品牌包装

二、绿色包装材料的开发与运用

绿色包装材料是人类进入高度文明,世界经济进入高度发展的必然需求和产物,是在人类要求保护生存环境的呼声中应运而生的,是不可逆转的趋势。

绿色包装材料,如光降解、生物降解、热氧降解、水降解、天然纤维、生物合成、可食性材料等的出现,进一步推动了绿色包装的发展。运用回收纸制成纸浆制模生产的包装,具有较好的保护性,而且成本低廉,是很好的绿色包装设计。

新材料的特征是采用先进的科学技术,将天然原料与合成原料配合在一起制成包装材料,这种材料不污染环境,既可回收再利用,也可循环降解、回归自然。从天然到合成,从单一到复合,材料的互相渗透已成为发展的趋势和必然。新材料不仅具有更加科学、合理、安全、可靠的性能,而且更加注重有益健康、无公害,考虑环保、再利用等方面的因素,更加追求材料细腻、光滑、柔韧、富有特色的肌理。有些材料已能模仿自然材料的特征,并能替代传统材料的作用,达到包装的最佳效果。如有些带肌理的特种纸张,具有很好的质地美感,是非常好的包装材料;有的再生纸,有着纯朴的质感,对其巧妙地加以运用,会带来意想不到的效果(图1-6)。

图1-6　食用蜗牛包装

例如，瑞典爱克林公司发布了一种绿色包装材料，这种材料的构思来自于鸡蛋。鸡蛋壳中90%的成分是碳酸钙，是世界上最环保的包装材料。研究者以碳酸钙为主要材料，在提高其强度和韧性上做文章，生产出性能优良的绿色包装材料，用于包装各种形态的食品，以及各类工业产品的生产和各种装饰产品。这种材料的组成成分70%以上是碳酸钙，因此可回归于大自然。生产这种材料所产生的废水只相当于传统包装材料的1/2，所需的能源只相当于1/3，是一种极好的环保包装材料。

又如，美国明尼苏达的食品包装专家以玉米等天然植物种子为原料，生产出一种优质的天然保鲜膜，其主要成分是脂肪酸、蛋白质和纤维素等。据专家介绍，玉米中含有大量的蛋白质，而植物种子含有的纤维素和脂肪酸就更多了，利用它们做原料，采用新的加工技术，可以生产出优质天然保鲜膜。用这种优质天然保鲜膜包装切开的瓜果，在常温下可保鲜24小时，如存放在自动售货机中，保鲜期可长达7天；同时，由于该保鲜膜不含任何化学成分，对人体不会有任何副作用。

再如，波兰设计师Maja Szczypek使用经消毒处理的干草，将之压缩、加固，做成了一个具有田园生活场景的鸡蛋包装（图1-7）。

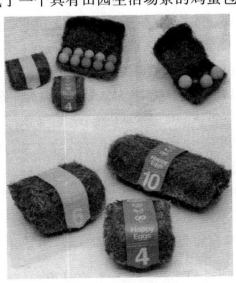

图1-7　鸡蛋包装

包装行业是运用新材料最多、最快的行业，一些前沿性的研究成果将被转化为新的包装材料，如纳米技术带来的纳米塑料、纳米尼龙、纳米陶瓷、纳米涂料以及纳米油墨、纳米润滑剂等，为新型包装提供了新的技术、新的材料。一些多功能、多用途的包装材料也正在进入现代包装材料的行列。

例如镀陶瓷膜，其由PET/陶瓷组成，具有良好的透明性、极佳的阻隔性、优良的耐热性、较好的可透微波性、良好的环境保护性和机械性、无毒、可焚烧，是一种有利于环境保护的益友包装膜，被用于包装樟脑之类易挥发的物质。由于它具有极好的阻隔性，除了用作食品包装材料外，也可用于微波容器的盖材和调味品、药品、精密仪器等的包装用材。

又如，美国研制出一种新型保湿纸，可以将太阳能转化为热能，它的作用就像太阳能集热器，如果用它包装食品，将其放在太阳光照射的地方，包装内的食品就会被加热，只有打开包装热量才会散去。

再如，日本一家公司研制出一种用于食品包装的新型防腐纸，用这种纸包装带有卤汁的食品，可以在38℃高温下存放3周不会变质。另外，还有用废弃的豆腐渣制成的可溶于水的豆渣包装纸、用食品工业废弃的苹果渣生产的果渣纸，这些纸使用后容易分解，既可焚烧做堆肥，亦可回收重新造纸，不易污染环境，为现代包装的回收处理带来了极大的方便。

最近新的包装材料研究又有新的成果。如英国剑桥大学的科学家开发出了一种可以与水果一起吃的保护膜，这种保护膜既能防止熟透的水果很快腐烂，又能使水果的味道更佳。这种涂在水果上的保护膜是用糖、油、纤维酶等制成的特殊溶液，经过稍微加热后，将洗净的水果放入其中，经过浸泡取出，水果表面就会蒙上一层薄得几乎看不见的保护膜，就是这层保护膜，能阻止细菌和氧气的进入，不仅可延长水果的保鲜期，防止很快发生腐烂，而且与水果一起吃时味道更鲜美。

又如比利时科学家发明了一种自行加热的饮料包装袋，能使忙碌中的消费者喝到热饮料。目前这种包装加热的温度能达到35℃，最高可以增加到70℃。这种包装含有一种成分，当按下包装外部按钮时，内部就会产生化学反应加热产品，这种包装袋根据产品需求分别由层积聚酯、聚乙烯和铝制成，为了便于饮用，包装的外面还带有吸管。

再如日本开发出通过加热避免蒸气浸湿食物的包装材料，该材料由聚丙烯薄膜与聚乙烯薄膜、纸、铝箔多层材料合成，加热时水蒸气在薄膜表面凝结，然后被纸吸收，达到避免浸湿食物的目的，可保持食品的原型与风味。

最近美国以大豆为主要原料，开发出一种含蛋白质的可食性食品包装膜，它能与所包装的食品一起食用，不仅营养丰富，而且不会造成环境污染，该食品包装膜除能直接食用外，还可以保持水分，阻止氧气进入，延长食品保鲜期。

总之，一种新型材料的出现会使一种包装形式具有鲜明的时代标记，它既代表一个新时代的文化信息，一种新能量在生活中的体现，也使包装更具有时代性和流行性。各种高科技成果不断推动着包装工艺的发展，也给包装带来了新的生机。

第二章　纸包装材料的加工与应用

纸包装材料及其制品是指以造纸纤维为主要原料制成的包装用纸和纸板,纸包装容器及其他纸包装制品,统称为纸质包装。纸制包装应用十分广泛,不仅用于百货、纺织、五金、电信器材、家用电器等商品的包装,还适用于食品、医药、军工产品等的包装。本章就纸包装材料的特性、分类,纸包装材料的加工技术以及纸包装材料的实际应用展开详细论述。

第一节　纸包装材料的特性

纸是我们日常生活中运用最广泛的包装材料,它具有其他材料不可比拟的特性:

(1)纸的原料充沛,价格低廉,易于进行大批量生产。又由于纸本身质量很轻,因此降低了运输费用,比其他材料更经济实用。

(2)纸有一定的强度和耐冲击性、耐摩擦性,又很容易达到卫生要求,无味、无毒。

(3)纸有良好的成型性和折叠性,加工性能良好,便于制作、印刷,适用于多种印刷术,而且印刷的图文信息清晰、牢固、精美,能给人以很好的视觉效果。所以,纸和纸板是设计师最常用的包装材料。

(4)纸容易回收、再生、降解,废物容易处理,不造成污染,节约资源,符合环保的要求,是很好的绿色包装材料。

纸张包装材料也有一定的弱点,如易受潮、易发脆,受到外作用力后易于破裂等。所以,在设计包装时,一定要充分发挥纸的优势,避免它的弱点,使设计达到最佳的实用功能和视觉效果。

第二节 纸包装的分类

一、包装用纸分类

一般纸张均可用于包装,但为了使包装制品达到所要求的强度指标,保证被包装的货物或产品完好无损,包装所用纸张应具有强度大、含水率低、透气性小,不含对包装产品有腐蚀性的特质,还要有良好的印刷性能。具有这些性能的纸张才能用于各类产品的包装。为了满足不同包装产品的需要,往往需要对原纸进行加工,制成各种特殊性能的包装纸。目前生产的包装用纸品种较多,这里将介绍主要的包装用纸。

(一)白卡纸

白卡纸是一种较厚实坚挺的白色卡纸,采用100%漂白硫酸盐木浆为原料,经过游离状打浆,较高程度地施胶(施胶度为1.0~1.5mm),加入滑石粉、硫酸钡等白色填料,在长网造纸机上抄造,并经压光或压纹处理而制成。白卡纸主要用于印制名片、请柬、证书、商标及包装装潢等印刷品。

白卡纸分 A,B,C 三个等级,其定量为 $220\sim400g/m^2$,白卡纸为平板纸,规格为787mm×1092mm 和880mm×1230mm。白卡纸的白度要求为 A 级不低于92%,B 级不低于87%,C 级不低于82%。平滑度根据定量及等级各有不同的要求,一般不小于20~40S(压印花纹的白卡纸无平滑度要求)。白卡纸还要求有较高的挺度和耐破度,纸面应平整,不允许有斑点和条痕等纸病,不允许发生翘曲变形。

(二)胶版纸

胶版纸,又称"道林纸",主要供胶印机上进行多色印刷,一般用来印刷封面、画报、商标等。

胶印机是靠水墨平衡原理印刷的。印刷时印版上非图文部分的润湿液会把纸张润湿,纸张每印一个颜色都要吸水和干燥,这种吸湿和干燥的过程会使纸张伸缩变形,再往上套印其他颜色时,就会产生套印不准,从而使图文出现不清晰等现象,为了增强纸张的抗水性能,增加纸张的尺寸稳定性,在造纸时,打浆度不宜过高,因为打浆度高的纸张纤维帚化比较充分;短纤维、细纤维和微细纤维过多会增加纤维的外表面积,当纸张受水润湿后极易产生变形。而胶版印刷纸采用长纤维游离状打浆,并投放适量的填料和胶料,这样,纸张具有较高的施胶度,以减少纸张从橡皮布上吸收水分的数量,从而减少纸张伸缩的幅度。为了减少纸张伸缩性给印刷带来的影响,印刷时还须注意纸张含水量的大小,以及做好印刷前的晾纸工作,保证印刷过程中,纸张接近于不变形。

短小纤维含量少的纸张还具有另一个优点,就是纸张拉毛现象可以减少。由于彩色印刷中实地图案的比例比较大,在印刷时容易在油墨的粘力作用下,产生拉毛、脱粉现象,这些纸毛和纸粉掺入油墨,会使印版糊版上脏,影响印版寿命,为消除橡皮布和印版上的纸毛和纸粉,必须停机擦拭橡皮布及印版。因此,纸张表面强度也是胶版印刷纸的质量指标之一,造纸时,要求造纸原材料选择纤维长的纸浆,尽可能不掺苇浆;还要对压光工艺加以注意,填料与胶料的用量也应合适,如填料过多,易降低与纤维的结合强度而产生脱粉现象。

胶版印刷所用的油墨是采用氧化结膜干燥方式为主的胶印油墨,这种油墨印到胶版印刷纸上需有一定厚度的墨膜才能使印刷品具有光泽。因此要求纸张吸墨性不宜过低。

胶版印刷纸的 pH 值应趋于中性或微碱性,若 pH 值过小时(<4.5),则油墨的干燥结膜速度过慢,甚至不能结膜,会给套印

带来许多问题,油墨的色泽也产生变化,使画面的色相发生改变。

胶印采用橡皮布传递油墨,橡皮布的弹性可以弥补纸张表面的不平度,因此胶版印刷纸对平滑度的要求并不高,但要求均匀一致,因为胶版印刷的图像都是细小的网点,用有弹性的橡皮布印刷可以得到清晰的图像。

彩色印刷品的大部分面积一般均有油墨,纸面如出现有凸凹不平的现象,印迹就不结实,出现白点;纸面有砂子、疙瘩等就会损害橡皮布及印版,因此,胶版印刷纸要求表面没有缺陷。胶版印刷纸印的大多是彩色图片,为使油墨能复原出原稿的色调,要求纸张要有一定的白度,使印出的颜色鲜艳,色泽分明。

超压胶版纸也用于凹版印刷,这样,纸张的某些性质与胶印的要求不同,一般要求有高平滑度以及较好的压缩性,白度要高,纸张均匀要好,但表面强度可适当降低。

(三) 铜版纸

铜版纸又称"胶版印刷涂料纸",是在原纸上涂布一层白色浆料再经压光而成的纸张。用于彩色凸印、胶印和凹印中的细网线图文的印刷,一般为高级印刷品,如插图、画报、样本、年历及高档商标。其质量比胶版印刷纸要高。铜版纸是随着网线版印刷发展起来的,由于未经涂布的纸张纤维组成的表面凸凹不平的程度比网点的直径要大得多,某些网点恰好在纤维的间隙而无法把油墨转移到纸张上,使图像像素在这个部位无法再现。纸张经涂布再经压光后,纸张表面的颜料颗粒小于网点的直径,颜料重复性也就优于纤维素纤维,因此网点能够正确地复制出来。

这种经涂布的纸张一开始用于对平滑度要求较低的照相凸版印刷品之上,因此人们又称其铜版纸。现今铜版纸不仅用于彩色凸版印刷之上,也用于平版和凹版印刷,因此,铜版纸就不再那么名副其实了。

铜版纸原纸采用优质卷筒新闻纸或胶版印刷纸,高档的铜版纸采用特造的原纸。原纸上涂布的白色浆料由颜料、黏合剂及助剂组成。颜料有高岭土、碳酸钙、硫酸钡、钛白粉等。黏合剂有动物胶、淀粉、干酪素、大豆蛋白、水溶性纤维衍生物、聚乙烯醇、水溶性树脂,以及合成树脂丙烯酸乳胶等。辅助剂有分散剂、增塑剂、防水剂及其他一些助剂。

  表面涂层必须坚固黏着在纸面上,不能有脱落现象,否则造成糊版,印件上有时产生小白斑点,就是涂料粘不牢的现象造成的。此外,涂层表面还必须避免有过多的气泡孔,否则轻者影响印刷性能,重者印出的成品为废品。纸面经压光后,光泽要一致,不能有条痕、纹道,否则影响印刷品色调。

  铜版纸因涂有大量的浆料,其弹性较差,要使铜版纸能清晰地印出网点来,就要求纸张具有很高的平滑度,使纸张与印版紧密地接触,铜版纸的平滑度一般均在 250S 以上,比胶版纸高 10 倍以上。这就要求浆料充分分散,调和均匀,涂布时也要均匀。

  铜版纸的 pH 值要求在 7 左右(中性)。pH 值 8 以上可加快油墨干燥,pH 值小的,油墨干燥较慢。铜版纸还要求印刷过程中油墨附着快、干燥快,干后要显示出光泽来,网点再现性好,这就要求铜版纸的渗透性、吸墨性都要适当,转印上的油墨要薄,而印件的图像要清晰。由于铜版纸印刷的是彩色图像,对白度要求高,纸张要洁白,光泽度好,不透印。

  印刷高级印刷品为主的铜版纸要求套印精确,这就对铜版纸的尺寸稳定性提出要求,由于印刷时纸张的纵向是以与滚筒轴线平行的方式输进滚筒的,印刷中套印发生的误差多半是与纵向的尺寸稳定性有关。有人提出衡量纸张适于套印精确要求的指标,可以用纵向伸缩性与横向伸缩性之比来表示,此值越小,则套印精度越高。

  铜版纸在压印中受到的压力很大,因此还需有一定的强度。铜版纸用于胶印时,会吸收橡皮滚筒上的水分,这些水分会使涂料胶化、扩散,松散的涂料混入油墨中,将提高油墨的黏度,松散的涂料还可被橡皮滚筒带到印版滚筒上,又会加速印版的磨损,并带来上脏或是空白部位接受油墨等弊病。

(四)铸涂纸

铸涂纸又称高光泽铜版纸,俗称玻璃卡纸,是一种单面高光泽度的涂料纸。其主要用途是印刷高档商品及精致工艺品的商标、包装、明信片、贺卡、请柬等。

铸涂纸的特点是:具有极高的光泽度和平滑度,可印刷很细的网线,网点、阶调、色彩、光泽的再现性强,图像清晰,立体感强。它不经过超级压光,就具有比一般由超级压光处理的铜版纸还要高的光泽度,而且它比铜版纸的紧度低、松厚度高,还具有弹性好、着墨性佳、不掉粉掉毛等优点。

铸涂纸的原料与铜版纸基本相同,其生产方法是:原纸经过涂布之后,在涂料层还处于半湿状态并有可塑性的情况下,使之紧贴于经高精度研磨过的、非赫着性的镀铬铸涂缸缸面上,随着缸面转动,涂料层即被加热干燥成膜,涂膜的可塑性消失,并自动地从缸面上剥落下来,即得到铸涂纸。

铸涂纸的纸面平滑如镜的原因是,涂料层在高压力作用下紧贴于铸涂缸缸面时,颜料粒子在被抑制的状态下,受热收缩、干燥,结果使沿缸面的表面形状取向,得到与缸面相符的映照。尽管纸面光泽度高,却富有孔隙,具有较大的油墨吸收性,这是铸涂纸明显的特征。铸涂纸要求纸面平整,无影响使用的卷曲,每批纸的色调不许有明显差别,纸面切边应整齐洁净,不许有折子、破损、斑痕和明显条痕及影响使用的涂层麻坑。

(五)普通食品包装纸

普通食品包装纸主要用于不经涂蜡加工可以直接包装入口食品的用纸,这是一种用100%的化学浆抄制而成的纸。

由于食品包装纸是直接包装入口的食品,因此在整个生产过程中绝对禁止采用社会上回收的废纸作为原料,并且纸内也不允许添加荧光增白剂等有害助剂。

为了保证食品包装纸具有一定的强度和耐破度,必须使得纸张的纤维组织均匀,不许有严重的云彩花,纸面应平整,不许有折子、皱纹、破损、裂口、残缺、洞眼等纸病,更不许可纸面有严重突起的砂粒、硬质块、浆疙瘩及其他各种杂质。

普通食品包装纸分为一号、二号、三号三种,一号食品包装纸为双面光纸,必须两面平滑,二号、三号为单面光纸,光面也应有较好的光泽。

普通食品包装纸为平板纸,也可以根据合同规定生产卷筒纸。

(六) 中性包装纸

中性包装纸是一种用100%硫酸盐木浆抄制成的纸。这种纸较为粗糙,它们的克重范围很广,且生产成本都比许多其他的纸高。在整个生产过程中,严格控制纸浆的酸碱度和氯化物量,纸张不腐蚀金属。

中性包装纸的突出特点是强度高,在工业上用途非常广泛,在我国主要用于包装军用品或其他专用产品,也可用于包装食品乃至肥料等多种产品。中性包装纸分为包装纸和纸板两种。对于包装纸和纸板的表面上,不应有折纹、粗糙凸起、硬质块、气泡和斑点、残缺破损,也不得有云彩花、透明点、穿孔等外观纸病。

(七) 羊皮纸

羊皮纸有两种,一种是动物羊皮纸,一种是植物羊皮纸。动物羊皮纸是用羊皮、驴皮等经洗皮、加灰、磨皮、干燥等加工工序制成的纸张,古时作为书写材料、精装书籍封面及制作鼓皮。因为动物皮供应有限,而且成本较高,所以近代已都用植物羊皮纸来代替它。

植物羊皮纸又叫"硫酸纸",是用破布浆或化学木浆抄制出的原纸,再经过浓硫酸(72%)处理几秒钟后,用清水洗净、甘油润饰而成。由于硫酸的水解作用,原纸表面纤维素胶化,使纸变得坚韧,紧密又具有弹性、抗水、不透气、不透水、不透油等特性。植物羊皮纸按用途一般可分为工业羊皮纸和食品羊皮纸。

工业羊皮纸按定量分为 $75g/m^2$，$60g/m^2$，$45g/m^2$ 三种。具有防油、防水、耐湿强度大的特性，适用于化工药品、仪器、机器零件等工业包装用。当作为工业产品的内包装材料时，与金属制品接触时，容易引起黑色金属腐蚀，黄铜制品变色，而对于紫铜、电镀锌、镀福、镀铬等镀层则影响不大。

食品用羊皮纸按定量分为 $60g/m^2$，$45g/m^2$ 两种，适用于食品、药品、消毒材料的内包装用纸，也用于其他需要不透油和耐水性的包装用纸。

对于羊皮纸要求纸张的纤维组织均匀，不允许有云彩花，纸面应平整，不应有折子、砂子、硬质块和严重的皱纹、条痕、脏污点和用肉眼可见的针孔。

工业羊皮纸与食品羊皮纸均可分为卷筒纸和平板纸。没有统一规定，按用户要求生产，纸张尺寸边但要求纸卷内不许有夹杂、窝、卷取折子等缺陷。

(八)牛皮纸

牛皮纸是高级包装用纸，因其质量坚韧结实类似牛皮而得其名。牛皮纸用途十分广泛，大多供包装工业品，如作五金交电及仪器、棉毛丝绸织品、绒线等包装用。也可加工制作成档案袋、卷宗、纸袋、信封及砂纸的基材等。

牛皮纸从外观上分有单面光、双面光、有条纹和无条纹等品种。一般为黄褐色(即纤维本色)，也有彩色牛皮纸。牛皮纸有高的耐破度和良好的耐水性，分为一号、二号两种。一号牛皮纸原料采用100%硫酸盐针叶木浆；二号牛皮纸原料采用硫酸盐针叶木浆为主，还掺入一定比例的其他纸浆，近年有采用以竹浆、红麻全秆浆、棉秆浆为主，掺入少量硫酸盐针叶木浆生产二号牛皮纸的。

纸浆经长纤维游离状打浆，打浆后进行施胶、染色，一般不加填料，有时也可加一些填料(如单面光牛皮纸)。抄纸可在长网造纸机或圆网造纸机上进行,根据需要可以进行压光或不压光。牛皮纸产品既有卷筒纸,也有平板纸。

(九)鸡皮纸

鸡皮纸一般是用于工业产品和食品包装的常用包装纸,分为一号、二号、三号三种,定量仅为一种:$40g/m^2$。

鸡皮纸为平板纸,纸张尺寸为 700mm×1000mm,889mm×1194mm,787mm×1092mm,也可按用户要求生产其他尺寸的纸张。鸡皮纸要求纤维组织均匀,同批纸张色调不许有显著差别;纸面应平整,正面应有良好的光泽,不许有严重的麻坑、明显条纹及对使用有影响的尘埃,也不许有折子、皱纹、裂口、硬质块以及近光可见的孔眼等影响使用的外观纸病。

(十)玻璃纸

玻璃纸是由高度打浆的亚硫酸盐木浆制成,可分为漂白或未漂白,是一种透明或半透明的防油纸。而防油纸通常由亚硫酸盐木浆,经由高度打浆及细磨后制成,表面涂布多在磨光阶段完成。

玻璃纸的特点是玻璃状平滑表面、高密度和透明度,是与玻璃纸相类似的防油纸;属于不压光的玻璃纸。玻璃纸和防油纸特别适用于食品包装;其用量约占总产量的85%。这类纸在自动包装机上高速工艺性好,而且便于印刷。它们的保香、保味性能较好,湿强度较高。主要作为食品包装,包括脱水汤料包装袋、糕点和冷冻混合物的原包装,面包和冰糕的单层纸袋,以及包装咖啡、糖和饼干的双层或多层包装袋等。

许多蜡纸是在玻璃纸基材上涂蜡生产出来的。湿法涂蜡只能使蜡层附着在基材的表面上,而干法涂蜡则使蜡吸入基材内部,制成的蜡纸表面并没有蜡状的感觉。玻璃纸涂蜡只能采取湿法涂蜡工艺,而亚硫酸盐纸和硫酸盐纸则可采用两种涂蜡工艺。涂蜡纸裹包食品具有许多优点,它既无异味、不变质,又无毒性,可与食物直接接触。它可制成半透明的,或者制成完全透明的。

它们具有良好的防护性能和热封性能。当取出一部分内装物后，还可以很好地封合。蜡纸也和其他很多包装材料一样，近年来已有了改进。原来采用100%石蜡涂布的蜡纸，现已采用聚乙烯塑料改性，其中聚乙烯塑料的填加量达到总涂料质量的10%。除用聚乙烯改性外，还有其他类型的树脂可用来改性石蜡，其中最有效的是乙烯—乙酸乙烯共聚物（EVA）。经聚乙烯改性的石蜡涂料，可提高纸的热封强度和使用寿命。

(十一)纸袋纸

纸袋纸通常用未漂白、半漂白或漂白硫酸盐化学纸浆加废纤维素或亚硫酸纤维素制成，可用来生产多层纸袋。纸袋是最普遍、最经济的包装材料之一。纸袋纸必须满足制造与使用的各种要求。目前约有20多种纸袋纸。成卷的纸袋纸幅宽为960~1300mm。

纸卷的宽度取决于纸袋所要求的尺寸及造纸机的宽度。纸卷的直径可达1200mm，质量400~800kg。

对纸袋纸的基本要求是：要有较高的拉伸强度、耐破抗力及撕裂抗力。纸袋的坚固性取决于袋纸的强度。但直到目前为止，尚未测出纸袋强度与纸的物理力学性能之间比较明确的依赖关系。纸袋强度首先表现在纸袋本身的结构特点，被包装物品的性质，装卸运输的特点上。按照规定，可用单项指标反映纸袋的坚固性。例如质量在60~100g范围内的1m^{2}纸袋，若其他条件相同，当纸的质量增大时，可使抗断裂力、抗挤压力及抗撕裂力增大，但另一方面却导致纸的刚性增大、弹性降低，使纸袋的强度也相应降低。下面重点介绍几种主要的纸袋用纸。

1. 普通纸袋纸

普通纸袋纸是制作纸袋的主要纸种。纸袋纸一般采用100%的未漂白硫酸盐化学纸浆或硫酸盐化学纸浆加废纤维素制造。

纸袋用纸一般分为四种型号。这种纸袋纸主要用于制造水泥纸袋,所以有时也称为"水泥纸袋纸"。另外还可用作制造杂货用纸袋或大纸袋、运输包装纸袋、裹包用纸以及涂胶和涂沥青用纸。这种纸具有中等光泽和平滑度,多孔性、拉伸强度和撕裂强度高等特点。

2. 微皱纹纸袋用纸

用微皱纹纸袋纸可显著增大纸袋的弛度。其纵向伸长率提高 15%～35%,这种纸不仅适用于制成防冰纸,且可具有各种覆盖层,例如聚乙烯涂层、硅树脂涂层等。用微皱纹纸袋用纸制成的纸袋,具有伸长性、劲度大、耐撕裂等特点,特别适用于混合型运输、出口运输及其远距离运输。

3. 微细皱纹纸袋用纸

微细皱纹纸与普通皱纹纸的区别就在于它有非常细微的皱纹,几乎是不易觉察到,具有较高的拉伸率(8%～12%)。这种纸很容易进行各种加工,复制聚乙烯涂层等。微细皱纹纸不仅在纵向,而且在横向都具有较高的拉伸率,较高的破裂指标,这都有利于提高纸袋的坚固性。微细皱纹纸袋用纸是采用未漂白的硫酸盐化学纸浆制造的,但也可用较差的化学纸浆制造,这决定于所要求的纸的动力学强度。

4. 防潮纸袋纸

各种包装原纸都具有很大的吸湿性和透潮性,当环境温度低时,纸的亲水基与水进行单分子吸附;在高湿度环境时,则引起毛细管凝结。当被包装的金属产品或其他产品与纸接触时就产生腐蚀和潮解,并随纸的吸湿量增加而增大。采用防潮纸袋用纸,就可以保证在潮湿情况下纸的强度不受影响,这对提高纸袋质量及使用性能具有非常重要的意义。

防潮纸袋纸用未漂白的硫酸盐化学纸浆制造,为了保证袋纸的必要性能,还需掺入少量其他附加物料,如碳酰胺树脂、乳胶、聚酰胺树脂及沥青等。抗潮性以潮湿纸的破断力与气流干燥纸的破断力比值的百分数来表示。含碳酰胺树脂的防潮纸袋纸具有较高的刚度,但双向弯折性能不好,长期在潮湿环境中,由于树脂会分解,其抗潮性可明显降低。加橡胶乳浆的防潮纸具有良好的弹性,潮湿状态下较稳定。应着重指出,防潮纸受周围介质及温度的影响,会失去防潮性能,防潮纸袋纸用于制造包装散粒产品、无机肥料、日常排出的废料以及在高湿度运输条件下的其他货物的纸袋。

5. 复制纸与增强纸袋用纸

复制纸是以两层质量为 $65g/m^2$ 纸为纸基,其间用沥青黏合而成的。这种纸具有较高的防水性及较高的破断强度,可用于包装易湿性物品,作纸袋的内表层。与沥青涂布纸相似,复制纸不宜用于零下 40℃ 的低温。

增强纸袋用纸是两层纸间套上合成纤维、玻璃纤维交织的增强网层制成的,纤维和纸相比有很好的延伸性,制造这种纸时,一般采用皱纹纸或微细皱纹纸。在大多数情况下,这种纸单面或双面都涂以聚乙烯涂层。

为了乳合纸与增强网层,采用较高黏合性的耐火沥青。沥青的用量一般为纸基重量的 40%～50%。加纤维的纸用于制造包装块状或颗粒状产品的纸袋的外表层,可经受多次装运,经受较大的动载荷,并且有较高耐湿性。

6. 聚乙烯涂层袋纸

在纸面上涂以聚乙烯薄膜,可以提高纸的化学稳定性及强度,提高破断力、延伸性及撕裂抗力。聚乙烯涂层纸的抗潮性可提高到 10%～15%,纸的涂层表面是不透水的。

聚乙烯涂层透过水蒸气的性能较低($3\sim5s/m^2$),与复制纸或沥青涂布纸相比,具有较好的防寒性。聚乙烯涂层纸具有较好的热熔接性,但热熔接速度不高,故制作纸袋时不能用热熔接法熔接，涂层纸的缺点是印刷性能很差，黏合性能很弱。为了提高黏合力及印刷性能，对这种纸进行电晕处理。聚乙烯涂层纸袋用纸适用于制作包装无机肥料、化学药品及各种易吸水的物品（其中包括食品）的纸袋。

7.铝－塑复合加工防潮纸

利用铝箔的防潮、不透气性，使其与纸基黏合成为铝箔防潮纸，或用热塑性塑料薄膜将铝箔与纸基复合在一起成为多层复合防潮纸。这类加工纸的品种很多，可以根据不同的需要，选择不同的纸张。当然，在工业产品包装中一般采用牛皮纸的较多，而塑料可以采用聚乙烯薄膜、聚丙烯、聚酯薄膜等，特别是采用聚酯薄膜制成铝－塑复合纸。这种复合纸在折叠时，铝箔不易折断，形成针孔，可以保持其优异的防潮性能。

为了提高复合加工防潮纸的强度，还可以在其中夹入增强网，以满足对重型产品包装的需要，由于铝－塑复合加工纸可以根据包装产品的要求来调整纸的结构，以满足对其不同性能的需要。所以，现在无论是工业产品包装，还是商品包装、食品包装都广泛采用铝塑复合包装纸。

(十二)防锈纸

为了使纸包装的金属制品不生锈，利用各种防锈剂对包装纸进行处理，一般是将防锈剂溶解于蒸馏水或有机溶剂中成为溶液，然后将它浸涂、刷涂或滚涂在包装纸上，干燥后即成为防锈纸。防锈剂一般具有挥发性，为了延长其防锈时间，将涂有防锈剂的一面，直接包装工件，而在反面涂以石蜡、硬脂酸或再用石蜡纸、塑料袋、铝箔等包装。

由于各种防锈剂的蒸气压和扩散性能不同，防锈纸分为接触型防锈纸和气相型防锈纸。

1.接触型防锈纸

此类纸是一种使用苯甲酸钠和亚硝酸钠的混合物进行处理

的防锈纸,一般在纸上含有防锈剂 $5\sim30/m^2$,它的特点是对黑色金属有较好的防锈能力,只要和金属表面接触良好,对包装金属产品在 3~5 年之内能有效地起到防锈作用,即使在恶劣的贮存条件下,也能保证在一年内不生锈。同时苯甲酸钠防锈纸对铝、钢的法兰层以及镀锌钝化、镀镉钝化、镀铬、镀锡等电镀层均无腐蚀现象,而对铜及铜合金则易引起变色。由于这类防锈纸原料易得,生产工艺简单,成本低廉,使用广泛,我国各防锈纸厂均在生产,用来包装些形状简单、产品表面易于和防锈纸接触的物件,如刀片、工具、量具等。

2. 气相防锈纸

这类防锈纸是利用对金属有防锈效果并具有挥发性的有机化合物或者无机化合物制成的水溶液或有机溶液来处理包装的原纸。它在常温时能慢慢地挥发出气体,对所包装金属起防锈作用,因此使用时不必直接接触产品表面,对形状复杂的产品均能很好地防止生锈。

气相防锈剂的品种和配方很多,根据不同的金属材料和防锈的要求,可以采用不同成分的防锈剂所处理过的气相防锈纸来进行包装。例如采用苯并三氮唑 2 份、亚硝酸钠 5 份、铬酸钠 10 份及蒸馏水混合后涂于中性包装纸上,干后可用于钢、黄铜、铝青铜、紫铜、镀锡金属的防锈包装用纸。

二、包装用纸板分类

凡定量在 150~200g 以上的纸张,一般称为纸板,它的主要用途是制作包装容器和衬垫材料。因此,在工业上、生活上、文化上广为采用,特别是商品包装使用纸板的数量越来越大。

(一)瓦楞原纸

瓦楞原纸是一种低定量的薄纸板。瓦楞原纸与箱纸板贴合制造瓦楞纸板,再制成各类纸箱。按原料不同,可分为半化学木浆、草浆和废纸浆瓦楞原纸三种。它们在高温下,经机器滚压,成为波纹形的楞纸(称瓦楞芯纸),与箱纸板黏合成单楞或双楞的纸板,可制作瓦楞纸箱、盒、衬垫和格架。

瓦楞原纸的纤维组织应均匀,厚薄一致,无突出纸面的硬块,纸质坚韧,具有一定的耐压、抗张、抗戳穿、耐折叠的性能。加工时应注意水分的控制。

(二)箱纸板

箱纸板专门用于和瓦楞原纸裱合后制成瓦楞纸盒或瓦楞纸箱。供运输包装、日用百货等商品的外包装和个别配套的小包装使用。箱纸板的颜色为原料本色,表面平整,适于印刷上光。

(三)牛皮箱纸板

牛皮箱纸板适用于制造外贸包装纸箱、内销高档商品包装纸箱以及军需物品包装纸箱。在国外,牛皮箱纸板几乎全部用100%的硫酸盐木浆制造,国内是用40%~50%的硫酸盐木浆和50%~60%的废纸浆、废麻浆、半化学木浆抄制。

(四)草纸板

草纸板又称"黄纸板""马粪纸"。草纸板主要用于各式商品内外包装的纸盒或纸箱,也可用做精装书籍等的封面衬垫。其成本很低,用途极为广泛。草纸板是用稻草、麦草等草料经石灰法或烧碱法制浆后用多圆网、多烘缸生产线抄制而成(目前也使用混合废纸做原料)。这种纸板吸湿性很强,在使用时要严格控制含水量。

(五)单面白纸板

单面白纸板适用于经单面彩色印刷后制盒,供包装用。单面白纸板是一种白色挂面纸板,一般用化学热磨机械浆、脱墨废纸浆或混合废纸浆做底（里），用漂白化学木浆挂面，采用多圆网和长圆网混合纸板机抄制而成。

（六）灰纸板

灰纸板又叫"青灰纸板"。青灰纸板的面浆，一般采用20%～50%漂白化学木浆，其余为漂白化学草浆和白纸边等，芯浆用混合废纸，底浆是废新闻纸脱墨浆。灰纸板的质量低于白纸板，主要用于各种商品的中小包装。

（七）瓦楞纸板

瓦楞纸板由瓦楞原纸和箱板纸加工而成，是二次加工纸板。先将瓦楞原纸压成瓦楞状，再用黏合剂将两面粘上箱纸板，使纸板中间呈空心结构。瓦楞的波纹就像一个个拱形门，相互支撑，形成三角形空腔结构，能够承受一定的平面压力，且富有弹性，缓冲性能好，能起到防振和保护商品的作用。

按结构分，常用的瓦楞纸板分为五种。

1. 二层瓦楞纸板

二层瓦楞纸板又叫单面瓦楞纸板，由一层箱纸板与瓦楞芯纸黏合而成，做包装衬垫用。

2. 三层瓦楞纸板

三层瓦楞纸板又称双面瓦楞纸板或单（坑）瓦楞纸板，是由两层箱纸板与一层瓦楞芯纸黏合而成，用于中包装或外包装用小型纸箱。

3. 五层瓦楞纸板

五层瓦楞纸板又称为复双面瓦楞纸板或双面双瓦楞纸板，是用面、里及芯三张纸板和两层瓦楞芯纸黏合而成，用于一般纸箱。

4. 七层瓦楞纸板

七层瓦楞纸板又叫双面三瓦楞纸板,是用面、里及芯、芯四张纸板和三层瓦楞芯纸黏合而成,用于大型或负载特重的纸箱。

5. X—PLY型瓦楞纸板

X—PLY型瓦楞纸板又叫高强瓦楞纸板,其瓦楞方向交错排列。

瓦楞纸板的规格还与瓦楞规格有关。目前世界各国的瓦楞规格主要有A、B、C、E四种,生产瓦楞纸箱(盒)用的以A、B、C型居多。其楞型大小排列为A、C、B、E。瓦楞的楞型由楞高和单位长度内的瓦楞数确定。一般瓦楞越大,则瓦楞纸板越厚,强度越高。最近国内外瓦楞行业又发展了特大瓦楞(称为K型瓦楞)和微瓦楞(F型、G型、H型以及O型瓦楞,其楞高越来越小)等,以适应不同需要。

(八)蜂窝纸板

蜂窝结构材料是人类仿效自然界蜜蜂筑建的六角形蜂巢的原理研究出来的。最早应用于军事和航空业的铝蜂窝板材,"二战"以后转向民用,生产出纸蜂窝结构材料。

普通蜂窝纸板是一种由上下两层面纸、中间夹六边形的纸蜂窝芯粘接而成的轻质复合纸板。

蜂窝纸板特殊的结构使其具有独特的性能,主要表现在以下几个方面:

(1)其材料消耗少,比强度和比刚度高,重量轻。

(2)有良好的平面抗压性能。

(3)有较好的隔振、隔音功能。

(4)其强度、刚度易于调节。

(5)由于易于进行特殊工艺处理,可获得独特的性能。

(6)蜂窝纸板制品出口无须熏蒸,可以免检疫。

(7)属于环保产品,不污染环境。

然而,作为包装材料,蜂窝纸板也有许多不足之处,主要表现为:

(1)由于其特殊的内部结构,包装件的加工、成型及成型机械化都比较困难。

(2)蜂窝纸板的制造工艺较为复杂,成本高。

(3)一般蜂窝纸板的面纸只有一层,故其耐戳穿性较低。

(4)蜂窝纸板的缓冲性能劣于发泡聚苯乙烯材料(EPS),因而在直接取代EPS用做缓冲材料时,其效果不理想。

(5)蜂窝纸板虽然也可以用做衬垫或包装充填物,但因不能任意造型,故使用上有一定的局限性。

蜂窝纸板可用来制作多种用途的包装制品,如缓冲衬垫、纸托盘、蜂窝复合托盘、角撑与护棱、蜂窝纸箱等,还可制成其他缓冲构件,如运输包装件或托盘包装单元的垫层、夹层、挡板以及直接成型的缓冲结构件等。

第三节　纸包装材料的加工技术

一、纸的主要原料

以木材(针叶木、阔叶木)、非木材(稻麦草)、废纸等为原料,经过化学法制浆、化学机械法制浆、机械法制浆、废纸脱墨等制浆工艺得到纸浆。

纸浆是造纸的主要原料。因制浆方法的不同,纸浆分为化学纸浆、化学机械纸浆、机械纸浆、废纸纸浆等几种纸浆。因使用的制浆原料的不同,纸浆分为针叶木纸浆、阔叶木纸浆、非木材纸浆、废纸纸浆等。

木材和非木材的主要化学成分是纤维素、半纤维素和木素。

化学纸浆主要成分是纤维素和部分半纤维素。机械纸浆主要成分包含纤维素、半纤维素和木素。化学机械纸浆主要包含纤维素、半纤维素和木素,但是它的木素含量少于机械纸浆。针叶木纸浆的纤维长度比阔叶木的长,阔叶木的纤维长度比非木材(稻麦草)的长。

二、纸页的成型与脱水

(一)纸页成型的目的和作用

纸页成型的目的是,通过纸料在网上脱水成型,将纸料抄造成为湿纸页。纸页成型的作用是,通过合理控制纸料在网上的留着和脱水,使形成的湿纸页有优良的匀度和所需的纸页物理性能。

(二)纸页成型的任务和要求

纸页的成型过程是一个纸料在网上留着和脱水的过程。纸页的成型是通过纸料在网上脱水而形成湿纸页来完成的,因此造纸机的网部又称为成型部。成型部是造纸机的重要组成部分,也是湿纸页在造纸机上成型的关键部位。网部的主要任务是使纸料尽量地保留在网上,较多地脱除水分而形成全幅均匀一致的湿纸页。

纸料在造纸机网部脱水的同时,纸料中的纤维和非纤维添加物质等逐步沉积在网上,因此要求纸料在网上应该均匀分散,使全幅纸页的定量、厚度、匀度等均匀一致,为形成一张质量良好的湿纸页打好基础。湿纸页经网部脱水后应具有一定的强度,以便将湿纸页引入压榨部。

在抄造过程中,纸料的上网浓度为 $0.1\%\sim1.2\%$,出伏辊时纸页的干度为 $15\%\sim20\%$,而成纸的干度为 $92\%\sim95\%$。因此网部脱水具有脱水量大而集中的特点,占造纸机总脱水量的 $80\%\sim90\%$。

(三)纸页成型过程中纸料留着和脱水

1. 纸料的留着

纸料的留着通常用纸料的留着率来表示,有首程留着率和全程留着率之分。

首程留着率也称为单程留着率,是指在造纸机网部(伏辊处)后还留在纸页上的物料与离开造纸机流浆箱堰口处的物料之比,有助于了解纸料(特别是细小组分)在纸中的留着情况。首程留着率随各种因素的影响较大,在20%~90%的范围内变化。

全程留着率又称为"真实留着率",是指造纸机干部卷取出来的物料(纸)与进入造纸机湿部的物料(纸料)之比。全程留着率的范围一般在90%~95%。

2. 纸页的成型和纸料脱水

纸料在脱水过程中形成纸页,纸页在成型过程中也不断地脱水,纸料的脱水与纸页的成型又是相互制约的。

纸页的成型需要脱除大量的水分,但是也不能脱水太快,如果脱水太急或太快,则纸料纤维在网上来不及均匀分布就已经成型,难以形成良好质量的纸页。如果脱水太过缓慢,则会引起已经分散的纤维重新絮聚,影响纸页的质量,同时还会在出伏辊时达不到纸所需的干度和湿强度,从而影响造纸生产。合理权衡纸浆配料和生产纸种的不同要求和生产条件,使纸料的脱水和纸页的成型做到相互协调和统一,在得到良好纸页的成型前提下,尽量满足脱水的要求。

(四)纸页的成型过程及原理

1. 纸页的成型过程流体动力学

通常在纸机网部水线处的湿纸页干度为5%~7%,纸页的成型过程基本结束了。由于水线后湿纸页中自由水分的消失,湿纸页的纤维易动性也就基本消失了,因此水线可作为成型过程结束的标志。同时,水线后纸页中纤维的排列和其他固相物质之间的相互位置都基本不再变动了。

纸页成型的基本过程可以看作滤水、定向剪切和湍动三种主要的流体动力过程的综合结果。

滤水是指成型过程中纤维悬浮液中的水分借重力、离心力和真空吸力等排出的过程。滤水是水通过网或筛的流动,其方向主要是(但不完全是)垂直于网面的,其特征是流速往往会随时间起变化。

定向剪切是在未滤水的纤维悬浮体中具有可清楚识别形态的剪切流动,它以流动的方向性以及平均速度梯度为特征。例如,在纸机纵向上,流浆箱的喷浆速度与网速之差和网案摇振时自由悬浮液中诱导的横向速度"摆动"所产生的流型。

湍动是在未滤水的纤维悬浮液中流速的无定向波动。在纸页的成型过程中,湍动扰动可列为湍动流型者,并非真是无定向的。只不过它不足以产生显著的定向剪切,因而对纸页的结构影响近似真正的湍流。

2. 纤维在网上的过滤与浓缩

滤水的主要作用是纤维悬浮液的脱水,使悬浮体中的纤维沉积到网上成为沉积层。按照未滤水的悬浮液中纤维的易动状态,滤水可按两种机理进行,即过滤与浓缩。如果悬浮液的纤维是易动的或互相间可以无干涉地自由运动的,就会发生过滤。此时沉积在网上的积层与靠近它的稀薄的悬浮液之间有着清楚的边界,在积层以上的未滤水的悬浮液的浓度基本上保持着常值。如果悬浮液中的纤维是不易动的而且成为互相交缠的网络,就会发生浓缩。

纤维网络是可压缩的固态结构,它在浓缩过程中不断地被溃散。浓缩在积层与悬浮液之间没有清楚的边界,而悬浮液的浓度越靠近积层越大。在这种情况下,悬浮液中的网络表现得与积层一样,发生全部网络的逐渐压紧。实际上这两种脱水机理都必然发生,但从抄造出来的纸页的结构来分析,在纸页的成型过程中,过滤是滤水的主要机理。

纸页中的纤维絮聚表现出在小尺寸范围内均匀地分布,这对改善纸页成型匀度是有益的。由过滤而沉积的积层是由单体的纤维逐层沉积而成的,不是交织穿插的,而由浓缩沉积的积层则有交织纤维。在纸页的结构中,表现了这种以纤维分层为主的结构组织,这说明过滤机理是起主导作用的。同时由于存在着分层与交织两种组织的混合结构,因此说明过滤与浓缩两者也是同时存在的。

3. 定向剪切

定向剪切既具有分散作用,还具有定向作用和浓集作用。当纤维悬浮液存在着剪切过程时,连贯的网络就必然分散,因为纤维网络不能无限地弹性变形。纤维网络在剪切场中的分散规律,并不是分散成单体纤维的状态,而是分散成较小的网络,直至纤维絮聚体成形。纤维絮聚体的大小随剪切率的增强而越来越小。

定向剪切的作用是使积层中的沉积纤维顺优势方向排列。当有滤水过程存在时,在剪切场中的单体纤维或纤维絮聚体就以一端沿泄水方向伸入正在沉积着的纤维积层中,而其易动的另一端就顺着未滤水的悬浮液中剪切场方向被拖曳而逐渐定向,直至以此方向沉积于积层之中,这就是定向剪切的定向作用。当定向剪切场中包括了一种在滤水区域内非均布的强剪切流型时,纤维就会适应这种流型浓集成为显见的形态。自由表面波来自高度湍动的流型,它沿滤水区一直存在着,导致自由悬浮体深度方向的变化。当悬浮液迅速滤水时,积层的定量足与其上的悬浮液深度成比例的,由此在纸中产生相应于波型的定量变化。这些剪切流型往往在长网机成型中发生,导致产生沿纸机纵向上纸页定量和纸料配比变化的条纹。这就是定向剪切的浓集作用。

4.浆流的湍动

湍动包括真正无定向流的波动和部分定向的波动。湍动的主要作用是分散纤维网络,并在有限的程度上使纤维在悬浮液中易动,从而降低悬浮液的絮聚程度,以及作为定向剪切衰减的手段。

三、纸页的压榨

从网部伏辊处引出来的湿纸页,通常含有80%左右的水分,有一定的强度但不高。如果直接把出伏辊的湿纸页送到干燥部干燥,不仅消耗大量的蒸汽,同时容易导致湿纸页在干燥部的断头。另外,这样干燥出来的纸,纸质疏松,表面粗糙,强度低。所以从网部来的湿纸页需要在压榨部经过机械压榨工序,然后送到干燥部干燥。

造纸机压榨部的作用有以下几点:

(1)在网部脱水的基础上,借助机械压力尽可能多地脱除湿纸页水分,以便在随后的干燥部减少蒸汽消耗。

(2)增加纸页中纤维的结合力,提高纸页的紧度和强度。

(3)将来自网部的湿纸页,传送到干燥部去干燥。

(4)消除纸页上的网痕,提高纸面的平滑度并减少纸的两面性。

造纸机的压榨部一般都兼有上述四种作用,但一些特殊纸种例外。如生产高吸收性的纸种(如过滤烟嘴纸、滤纸、皱纹纸等)的造纸机,压榨部主要起引纸作用。

压榨能够促进纤维间的接触,增加纤维间的结合面积,因而提高纤维的结合强度。打浆时纤维的细纤维化增进了纤维之间的结合,压榨时纸页受到压榨辊的作用,纤维互相接近导致更多的氢键结合,同时纸页的三维结构出现较为明显的变化。

压榨对纸页的结构的第一个重要影响是降低纸的孔隙度。

一般说来,无论纸浆打浆度的高低,纸的气孔率都会随着压榨力的加大而呈直线式降低。此外,压榨线压力一定时,纸的孔隙率随打浆时间的延长而降低。因为打浆作用使得纤维结合增加,减少纤维之间的空隙,从而增加空气透过的阻力。与耐折度一样,纸料的打浆度较高时,纸的孔隙率受压榨的影响也较大。

压榨将导致纸的松厚度降低。提高压榨力可以增加纤维间的结合和纤维的柔软性,有利于增加纸的紧度。同时降低纸页的耐折度和气孔率。压榨对打浆度低的纸料所抄造的纸页影响更大。

纸页结构的变化直接导致纸页性质的变化。压榨不仅使纸张变得更为紧密,并且打浆时间的增加导致纸页的不透明度下降。高强度的压榨作用也可导致纤维产生相当大的内部破裂,从而增加纤维的柔曲性。因此在不同的打浆度条件下压榨也可提高纸的耐破指数。

纸的抗张强度也受纤维间的结合影响。撕裂指数主要取决于纤维长度和纤维本身的固有强度,提高压榨力对纸的撕裂强度影响不大。

耐折度与纸页中的单根纤维柔曲性密切相关。纸页的耐折强度随着纸料打浆度的提高而增加。

压榨时线压力的提高有利于提高耐折强度。压榨线压力与耐折度和纸料的打浆度有直接的关系。纸料的打浆度越高,压榨力越大,纸页的耐折强度的增长越快。

四、纸页的干燥

湿纸页经过压榨后,纸页的干度范围在 40%～50% 之间。剩余的水分需要借助烘缸蒸发除去,以使成纸的干度提高到 92%～95%。

对长网纸机来说,干燥部的质量为纸机总质量的 60%～70%,设备费用和动力消耗均占整个纸机的一半以上,蒸汽消耗占纸的生产成本的 5%~15%。所以纸机干燥部的合理设计与节省建设投资，提高产量，保证成品质量和降低生产成本等方面有着极为密切的关系。

影响纸机干燥部性能的关键因素包括蒸汽和冷凝水系统的设计和操作、干网的选用、提高气袋通风系统的效率及选用良好的烘缸罩抽风系统。

(一)影响干燥的主要因素

1.纸机车速

不同的纸机车速，烘缸的干燥效率不同。普通干毯在车速为 305m/min 时，仅 20% 的蒸发在烘缸表面完成，其余 80% 的蒸发则是在上、下烘缸之间的双面自由蒸发干燥区完成。眼孔畅通的干网，烘缸蒸发百分率与车速的关系和普通干毯相似。干网的曲线在干毯曲线的上方说明接触烘缸表面的蒸发百分率比干毯的大。

纸机车速低时，干网能让蒸发水汽自由通过网眼，从湿纸上脱除。纸机车速高时，在双面自由蒸发干燥区蒸发大部分的水分，受烘缸气袋中空气绝对湿度的制约。开敞干网的"泵气"能力可将气袋中的潮湿空气吹走。因此，如与气袋通风设计结合，在纸的两面均匀地引入空气，既可减小纸的抖动，又可降低气袋中空气的绝对湿度，所以特别适合高速纸机。

2.干网张力

加大干网张力可以强化烘缸表面对湿纸的传热过程。考虑干网张力时必须同时考虑纸机车速、湿纸水分、干网挺度、纸面特性等因素。干网张力的主要作用是降低湿纸和烘缸表面间的空气膜厚度，提高热传导效率。张力太大会缩短干网的使用寿命，同时会加强网子的湿热降解作用，加快经线的损坏速度。

(二)强化干燥的有效措施

1. 提高蒸汽压力

提高蒸汽压力可以强化纸的干燥,在不影响成纸质量的前提下,应尽可能提高蒸汽压力。纸页干燥时烘缸使用的蒸汽压力一般为196～204kPa,对应的饱和蒸汽温度为132.9～139.2℃。如果蒸汽压力提高到784kPa,饱和蒸汽温度则提高到174.53℃。如果保持纸页的平均温度为80℃,则传热量可增加80%左右。

2. 树脂挂里

滴状冷凝的传热系数大于膜状冷凝。蒸汽在烘缸内壁通常呈膜状冷凝。让蒸汽变成滴状冷凝,有效的方法是对烘缸内壁进行树脂挂里,即涂上一层辛癸胺树脂膜,既防止烘缸内壁受CO_2和O_2腐蚀,又能使蒸汽由膜状冷凝变成滴状冷凝,因而提高传热能力,强化干燥。

3. 合金烘缸

铸铁的传热系数为$226kJ/(m^2 \cdot h \cdot ℃)$。采用导热系数更大的材料制造烘缸能提高总传热系数,进而增加烘缸的总传热量。铸铁合金K6的极限抗张强度比普通铸铁高10%～18%,延伸性高25%,同时热传导系数比较高。使用高传热系数的合金烘缸可大大增加传热效率。

4. 扰流杆

烘缸内形成水环时,冷凝水层相对烘缸内壁有晃动,冷凝水水环内的质点对烘缸壁进行相对运动。这种扰动有利于提高传热效率,可在烘缸内安设扰流杆以改善传热。

扰流杆的安装方法主要有磁铁法和弹簧箍圈法两种。磁铁法的扰流杆用磁铁制作,扰流杆依靠磁性吸附在缸内。弹簧箍圈法使用箍圈压住纵向扰流杆,然后用弹簧使之压紧到烘缸内壁上。

5. 异型剖面烘缸

纸机车速的不断提高,使得烘缸内冷凝水层的传热问题显得更加重要。为了增加冷凝水层的导热能力,需要减少冷凝水膜的厚度并产生扰动,异型剖面烘缸有助于解决上述问题。

6. 气袋通风

当纸和毛毯离开前一个烘缸分别进到后一个烘缸和转到毛毯辊的时候,湿纸烘缸和毛毯之间出现一个负压气袋。反之,在湿纸离开前一个烘缸与毛毯辊传来的毛毯汇合到下一个烘缸时,则出现一个正压气袋。普通帆布的透气性很差,气袋中停滞着湿热的空气。气袋中的空气湿度既大,又不流通,会大大降低双面自由蒸发区中湿纸的对流干燥效率。使用气袋通风的方法可以解决这个问题。

7. 高温高速热风干燥

高温高速热风干燥综合运用了接触干燥和对流干燥的原理来强化干燥。高温高速热风干燥的烘缸罩包括了110°～120°烘缸。利用高压鼓风机将150°～400℃高温热风通过嘴宽0.4～0.6mm、嘴距18～25mm的喷嘴高速垂直地吹到烘缸表面的湿纸上。喷嘴与纸之间的距离,根据需要可在3～13mm的范围内调节。

8. 穿透干燥

穿透干燥指在正压或负压下,热风穿透整个湿纸层进行干燥。穿透干燥本质上是一个绝热过程,热空气透过湿纸时,纸中的水分被热空气带走,而热空气同时损失其显热。穿透干燥最重要的设备是一个穿透缸。穿透干燥分两类:一类是热空气在压力作用下穿透湿纸进行干燥,称外向穿透干燥;另一类称内向穿透干燥,即热空气在真空作用下,透过湿纸进到穿透烘缸内。由于热空气是由外向内将湿纸压在穿透缸缸面上,因此不需要透气干网包住穿透缸。

9. 单网干燥

单网干燥又称无张力干燥或过渡干燥。现在造纸机干燥部已较少选用干毯或帆布,而选用合成树脂干网。单网干燥是在造纸机的第一组烘缸,只用一床上网或一床下网。

五、纸页的压光

纸机在干燥部之后、卷取之前常安装压光机,用以提高纸的平滑度、光泽度、厚度和纸页的均匀性。薄页纸,如电容器纸、卷烟纸和吸收性纸,如滤纸、吸墨纸、铜版原纸等大多不用压光机。

影响压光机压光效果的主要因素有纸页的水分、压光线压、压光速度、辊子数目和硬度、辊子温度以及纸的组成等。

(1)增加纸的水分,使纤维吸水润胀,因而提高了柔性和塑性,故能增进压光效果。

纸机干燥部出来的纸页含水量较低,应将纸增湿到超级压光最适宜的含水量,然后进行压光。

(2)增加辊间压力,纸页的紧度增高,厚度与透气度下降,机械强度——裂断长和耐折度有所提高。

(3)增加压光辊数相当于增加了纸的压光时间,结果表现为纸的平滑度提高。另外,增加压光辊数能使纸的紧度增加,纵向伸长。

(4)温度略高有利于压光,但温度过高,则会产生不利的影响,尤其是纸中水分低的时候。

(5)细长而润胀能力强的纤维,压光后容易取得紧密的纸面。也就是说,纸的平滑度、光泽度和紧度容易在压光后得以提高。

不管哪种纤维原料,提高纸料打浆度,压光后纸页的紧度、平滑度都比较高,原浆的打浆度越大,压光后纸的平滑度也越高。

六、纸页的卷取

纸页卷取所用的设备是卷纸机,它是造纸系统的最后一个设备。卷纸的质量好坏直接影响产品的质量。卷纸生产时要求卷筒松紧均匀,应避免两端松紧不一和卷芯起皱。目前,常用的卷纸机是辊式卷纸机。辊式卷纸机有单辊式和双辊式两种。双辊式卷纸机有两套放置卷纸轴的装置,单辊式卷纸机只有一对支杆放置卷纸轴。上述两种辊式卷纸机,多适用于低速造纸机。一般高速纸机多用气动加压的辊式卷。

七、纸张的完成与整饰

(一)纸页的复卷

卷纸机上卷成的卷筒两边不太整齐,而且纸页太宽,必须纵切复卷成卷筒纸,或横切成平板纸。复卷是为了保证卷得紧而均匀,并将纸纵切成规定的宽度,以适应轮转印刷机和其他机械处理的需要。

按照领纸方式的不同,复卷机基本上可以分为上领纸式和下领纸式。复卷机领纸速度为 $20\sim25m/min$,领纸后即可提高工作速度。

复卷应当避免卷得过松或过紧。卷得过分松软,储存纸时易变形。卷得太紧则使纸页伸长过度,易增加纸的断头。卷筒紧度有内紧度,即纸卷单位厚度内的径向压力;外紧度,即纸卷外层对内层的径向压力之分。复卷时,主要控制的是卷筒的内紧度。

(二)卷筒纸的包装和封头

卷筒纸可由人工包装,也可使用机械包装。卷筒纸在支持辊上转动,将定量不小于 $120g/m^2$ 包装纸卷到卷筒纸上。包装机中有可移动的涂胶辊,用以粘贴包装纸。操作时,只有在需要的时候才让涂胶辊接触包装纸。包装新闻纸、印刷纸、地图纸等的用纸层数不少于 4 层,其他则不少于 2 层。

卷筒纸包装完毕,从包装机卸下,折好两头,贴上印有企业名称、产品名称、牌号、定量、等级、宽度、净重、毛重和接头个数的标签纸,送封头机上封头。封头机的圆盘装配有电热或蒸汽加热装置,温度保持在 70~80℃,以干燥胶液。

(三)平板纸的切纸、选纸、数纸和包装

书写纸、印刷纸和纸板等有时要求切成平板纸。切纸机一般都装有自动记录器,并与电铃相连,当所切纸的数目达到一令的时候,电铃自动发出信号,这时在纸上放一标签,以便和下一令纸分开。

选纸是将成品纸分成一、二等及副品。检查的精细程度随纸的等级高低决定。一般是选掉有大量尘埃、污点、破损、皱褶、眼孔、油迹、切口、歪斜、厚薄不匀的纸张。选纸完毕,按 500 张为一令进行数纸。

人工选纸和数纸已经很少,现在的趋势是自动选纸和数纸。自动选纸和切纸装置,与自动计数和自动码纸结合,可实现选纸、切纸、数纸和码纸全部机械化、自动化。

经选纸和数纸后的平板纸,可用定量不小于 $40 \ g/m^2$ 的包装纸包成小包,每包张数为 500 张、250 张或 125 张,但每小包重量不得超过 25kg。

为了避免运输途中损坏,需将若干小包重叠在一起成为一件,附上产品合格证,用木夹板和铁皮在油压或水压打包机上打件。每件重量根据纸的定量决定,定量在 $50g/m^2$ 及以下的纸,每件重量不超过 125kg;定量在 $50g/m^2$ 以上的纸,每件不超过 175kg。包装木板上,用胶皮印上或用漏字板刷上企业名称、产品名称、号码或牌号、重量和等级、纸张尺寸、纸件编号、净重、毛重和标准编号等。最后,送成品纸库储存或运送出厂。

第四节 纸包装材料的应用

一、纸盒

按纸盒成型后能否再折叠成平板状储运,可分为折叠纸盒和固定纸盒。从造型上看,常规纸盒通常是指长(正)方体状的纸盒,其他造型的纸盒又称为异形盒。纸盒的种类有很多,但目前尚无相关的国家标准。

(一)折叠纸盒

折叠纸盒指把较薄(通常是 0.3~1mm)的纸板经裁切或模切加工后,主要以折叠组合方式成型的纸盒。按照折叠成型的不同特点,可分为管式、盘式、管盘式、非管非盘式几种。如图 2-1 所示的包装盒就是管式折叠纸盒,管式盒的展开图及其盒体成型后的形状见图 2-2。图 2-3 所示为盘式盒实例,盘式盒的展开图及其盒体成型后的情形见图 2-4。

图 2-1 管式纸盒

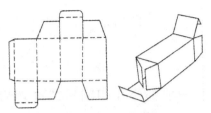

图 2-2　管式盒平面展开图

图 2-3　盘式纸盒

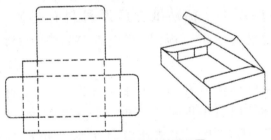

图 2-4　盘式盒平面展开图

折叠纸盒生产成本低,流通费用低,生产效率高,结构变化多,又适合于中、大批量及机械化生产,所以其应用相当广泛。但是折叠纸盒的强度较低,一般只适宜包装 1~2.5kg 以下的商品,其外观及质地也不够高雅,这些已成为制约其发展的因素。目前,关于折叠纸盒功能结构的创新、纸盒强度分析以及异形盒的开发等方面的研究是业内专家关注的热点。

在现代包装设计中,包装造型结构的创新尤为重要,需要读者认真研究并掌握纸盒的结构特点及其构造方法,才能提出新颖的设计方案。

普通折叠纸盒的生产工序一般包括：

(1)开切(亦称开料)。即将原材料按盒坯的大小和尺寸裁切成一定大小的纸坯。

(2)印刷。

(3)表面加工。一般都要在印刷后或冲切后再进行一次表面加工，以提高其表面的耐摩擦性、耐油性、耐水性和装饰性等。

(4)模切。模切是由模切版直接把开切、印刷好的纸坯切成盒坯。使用模切工艺可以轧切普通切纸机无法裁切的圆弧或更加复杂的形状。

(5)落料。模切之后，应把盒坯(也称纸芯)从整个纸坯中取出，清除盒坯轮廓之外的废纸边料以及中间的所有废料。

(6)成盒。将盒坯折叠、粘接或钉合成盒。

(二)粘贴纸盒

粘贴纸盒又称为"固定纸盒"，是用贴面材料将基材纸板粘贴、裱合而成的纸盒。粘贴纸盒的原材料有基材和贴面材料两类。基材主要是非耐折纸板(如草板纸等)，贴面材料又有内衬和贴面两种。

粘贴纸盒可选择多种贴面材料，用途广泛；刚性较好，抗冲击能力强；堆码强度高；小批量生产时，设备投资少，经济性好；具有良好的展示、促销功能。它的缺点是不适宜机械化生产，因而不适合于大批量生产；不能折叠堆码，因而流通成本高(仓储运输空间大)。粘贴纸盒一般采用手工生产。

二、纸箱

(一)瓦楞纸箱

瓦楞纸箱是运输包装中最重要、应用最广泛的包装容器，其主要箱型均已有相应的标准。国际上通行的瓦楞纸箱标准是由欧洲瓦楞纸箱制造商联合会和瑞士纸板协会（FEFCC/ASSCO）制定、国际瓦楞纸箱协会（LCCA）推荐的国际箱型。其箱型代号由两部分组成，前两位表示纸箱类型，后两位是箱型序号，表示同一类箱型中的不同结构形式。如0201型纸箱表示是02型纸箱中的第一种结构形式。

1. 02型——开槽型纸箱

这种箱型最为常用。特点是：一页成型；无独立分离的上下摇盖，接头由生产厂家通过钉合、黏合或胶纸黏合，运输时呈平板状（图2-5）。

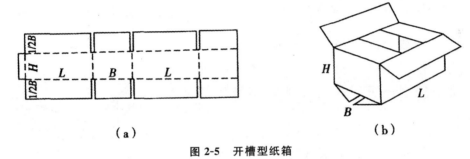

图 2-5　开槽型纸箱

2. 03型——套合型纸箱

套合型纸箱也叫罩盖型纸盒，由箱体、箱盖两个独立的部分组成。正放时箱盖或箱底可以全部或部分盖住箱体（图2-6）。

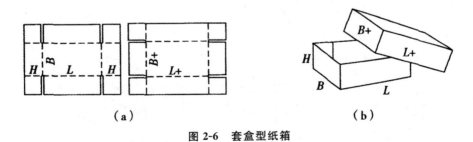

图 2-6　套盒型纸箱

3. 04型——折叠型

这是一种类似折叠纸盒结构，一般为一页纸板组成，无须钉合或黏合,部分箱型还须黏合,只要折叠即可成型,还可以设计锁口、提手、展示牌等(图2-7)。

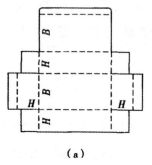
(a)

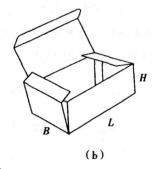
(b)

图2-7　折叠型纸箱

4.05型——滑盖型

由数个内装箱或框架及外箱组成,内箱与外箱以相对方向运动套入(类似抽屉),其部分箱型还可以作为其他类型纸箱的外箱(图2-8)。

图2-8　滑盖型纸箱

5.06型——固定型

固定型纸箱俗称"Bliss箱"。由两个分离的端面和连接这两个端面的箱体组成,使用前用钉合、黏合或胶带纸黏合将端面和箱体连接起来(图2-9)。

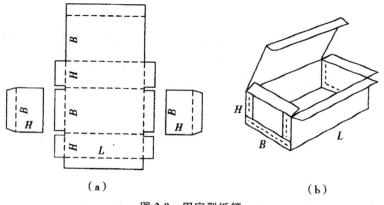

(a)　　　　　　　　　　(b)

图2-9　固定型纸箱

6.07 型——自动型

这种纸盒用一页纸板成型,采用局部黏合。运输时呈平板状。使用时只要打开箱体即可自动固定成型。其结构与管式、盘式折叠纸盒中的自动折叠纸盒相同(图 2-10)。

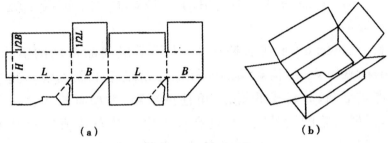

图 2-10 自动型纸箱

7.09 型——内衬件

内衬件又叫附件(图 2-11)。

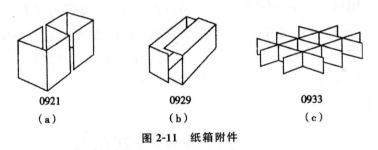

图 2-11 纸箱附件

09 型内衬件又包括以下几类:

(1)平板型:将内装物分隔为上下、左右、前后两部分(序号为 00—03)。

(2)平套型:起加强作用,增加抗压强度(序号为 04—10)。

(3)直套型:起分隔、加强作用(序号为 13—29)。

(4)隔板型:分隔内装物(序号为 30—35)。

(5)填充型:填充纸箱上端空间,避免内装物跳动(序号为 40—67)。

(6)角型:填充纸箱上四角以固定内装物(序号为 70—76)。

我国国家标准"瓦楞纸箱"（GB 6543/T—2008）参考国际箱型规定了瓦楞纸箱的基本箱型，这一标准中只包括以上 02 型、03 型、04 型、09 型四类。

组合型纸箱是基本箱型的组合，即由两种或两种以上的基本箱型组成，用多组四位数字或代号表示。例如，瓦楞纸箱上摇盖用 0204 型，下摇盖用 0215 型时，表示为上摇盖/下摇盖，即 0204/0215。

自 20 世纪 80 年代后期以来，为了适应商品市场的需求，很多具有时代特点、结构新颖的非标准瓦楞纸箱不断涌现。其中包括包卷式纸箱、分离式纸箱、三角柱型纸箱、大型纸箱等。从本质上讲，瓦楞纸箱的设计、模切版制作工序虽然与普通纸盒基本相同，但其制作过程却有自己的特点，主要表现在印刷开槽和制箱工艺上。

（二）蜂窝纸箱

利用蜂窝纸板制作的蜂窝纸箱（图 2-12），因具有纸板厚度易于控制、平压强度和抗弯强度都很高等特点，在某些包装领域，可用来替代木箱、重型瓦楞纸箱等包装产品，以求节约资源。蜂窝纸箱可用于包装自行车、摩托车、电冰箱、大屏幕电视机及大型空调器等。

图 2-12　蜂窝纸箱

三、纸罐、纸桶、纸杯

以包装纸为主要材料制成圆筒状,并配有纸盖或其他材质的底盖,这种容器通称为"纸罐"(图2-13)。较大的纸罐也称纸桶。由于纸罐(桶)重量轻、不生锈、价格便宜,常被用来代替马口铁罐作为粉状、晶粒状物体和糕点、干果等物品的销售包装;在纸罐(桶)内壁涂覆防水材料后也可用做油脂类产品等的包装。无底无盖的纸管主要用于印染、纺织、造纸、塑料、化工等行业,作为带状材料的卷轴等。

纸杯一般为盛装冷饮的小型容器(图2-14)。纸杯通常口大底小,可一只只套叠起来,以便于储运和取用。制作纸杯的纸板通常要用石蜡进行表面涂布或进行浸蜡处理。

图2-13 纸罐

图2-14 纸杯

四、纸袋

纸袋是纸质包装容器中使用量仅次于瓦楞纸箱的一大类纸制包装容器,用途甚广,种类繁多。根据纸袋形状可将其分为信封式、方底式、摇带式、M型折式、筒式、阀式等。

(一)信封式纸袋

信封式纸袋的袋口和折盖均是具有较大尺寸的侧面,底部可形成平面(图 2-15)。常用于纸制商品、文件资料或粉状商品的包装。

图 2-15　信封式纸袋

(二)方底式纸袋

在方底式纸袋沿长度方向有搭接缝,底部折成平的菱形。打开后成方形截面可直立放置(图 2-16)。分开口和闭口两种。常用于日用品包装。

图 2-16　方底式纸袋

(三)携带式纸袋

携带式纸袋常以纸塑结合制成双层袋,在袋口处有加强边,并配有提手,可使用多次。常用于日用品包装。

(四)M形折式纸袋

M形折式纸袋一般具有较大的容积,因此在袋的侧边上折成三边褶印呈M形,使用时使纸袋扩张形成长方形截面(图2-17)。

图2-17 M形折式纸袋

(五)筒式纸袋

筒式纸袋的开口通常在具有较小尺寸的面上,带有一个或几个与较长边平行的接缝,底部有折回边,有胶带粘在袋的外面形成封底。

(六)阀式纸袋

阀式纸袋的两端都封闭,只在其中一端装上一个阀门,内容物通过阀门充填进袋,在袋内物品的压力下自动关闭阀门或采取一定技术手段进行封口。纸袋封口的方法主要有:缝合封口、黏合封口、胶带封口、钉合封口等

五、纸浆模塑制品

"纸浆模塑",是以纸浆为原料,用带滤网的模具,在一定压力(负压或正压)、时间等条件下,使纸浆脱水、纤维成形而生产出所需产品的加工方法。它与造纸的原理基本相同,因而又有人称之为"立体造纸"。与其他纸质包装制品一样,纸浆模塑制品也是一种环保包装产品,近年来在包装中的应用已越来越广泛。

(一)纸浆模塑制品的应用领域

(1)电气包装内衬(图 2-18)。
(2)种植育苗。
(3)医用器具。
(4)食(药)品包装(图 2-19)。
(5)易碎品隔离。
(6)军品专用包装。
(7)其他(一次性卫生用品、模特儿等)。

图 2-18　纸浆模塑电器产品包装衬垫

图 2-19　纸浆模塑餐盒

(二)纸浆模塑包装技术及其制品的特点

纸浆模塑包装制品是近十几年来才发展起来的。它有以下优点：

(1)选材广泛。纸浆模塑包装制品多数以废旧纸品、天然植物(秸秆、芦苇、竹子、甘蔗、植物果壳)为原材料制成,资源广泛,可节省大量天然木材,降低生产成本。

(2)制品可通过模具实现各种不同的造型,从而使造型单调的纸包装得以丰富、改善,提高市场适应能力。

(3)制品质轻、防护性能好,可作为缓冲、防振内衬。

(4)通过添加各种助剂,可以制成耐水、耐热、耐油的包装容器。

(5)纸浆模塑制品可回收利用,重复进行生产。包装废弃物可自行降解、掩埋或焚烧,无有害气体产生。

纸浆模塑制品也存在明显的缺点:制品受潮后很快变形,强度也随之下降,外观颜色明度低,略显灰、黄色。纸浆模塑制品表面比较粗糙,一般不适合包装中高档包装产品。但近年来,市场上已出现使用高级原料纸浆,采用模内干燥工艺制成的外观精美、尺寸精确的纸浆模塑制品。

除了上述列举的纸包装制品外,还有纸质托盘、纸板展示架、纸绳和纸质缓冲结构件等。

六、纸包装材料应用实例分析

(一)Maak 肥皂包装设计

Maak 肥皂的包装设计(图 2-20)由设计师阿诺瑞尔·吉尔伯特和泰勒·哈玛克共同设计完成。其产品包装设计灵感来自蜉蝣。吉尔伯特解释说:"蜉蝣启发了我们的品牌设计——享受那些平凡的、普通的汇聚在一起的单纯乐趣。这反映在我们的品牌标签上,在可撕的标签上,保质期是由手工盖印上的。"

每块肥皂都是手工包装的,并且贴上网版印刷的纸质标签,这些与肥皂一样都是自己制作的。"这给予了包装质感和深度,在手里的触感也会变得有趣,消费者们可以感受到产品所要传递的某种情绪。我们的精油是包装在琥珀药剂瓶中的。以蜂蜡封口,这也可以让瓶子散发出微妙的蜂蜜香味。并且因为这样,标签也被固定在瓶子上,且能防漏,可谓一举两得。对于我们来说,最大的挑战就是搜寻原材料和特制工具,例如我们的双面网格打印机。"古尔伯特说。

图 2-20　Maak 肥皂包装设计

(二)天然香皂 Savian Soap Co.包装设计

"Savian Soap Co.是一个天然香皂品牌,需要重建其品牌形象,提高品牌在当前市场的地位。"罗杰斯说,"使用清新的颜色色调,现代的字体、简洁的设计,并慎重选择包装材料,以此重塑品牌形象,使得品牌变更具时代感。"

每个盒子都是手工裁剪折叠的。设计盒子的工艺从盒子啤线的设计开始,罗杰斯分别设计了内置盒子和外侧包装的啤线。再从印刷测试,盒子的打样测试,检测盒子的大小与形状,直到与外侧的包装完美结合。确定正确的内盒原料需要通过很多次的测试,因为要确保有足够的分量能支撑盒子自身的形状,并且也能保持外侧包装的形状。选择的纸张原料要厚实、有肌理纹路,并且不那么光滑,这样能体现出品牌的有机质感。纸张原料也要能渗透肥皂的香气,并且能很好地吸收油墨(图 2-21)。

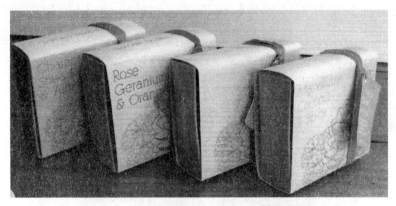

图 2-21　天然香皂 Savian Soap Co.包装设计

(三)高端点心品牌 Mary Pastry Shop 包装设计

高端点心品牌 Mary Pastry Shop 由哥伦比亚平面设计师克里斯蒂娜·隆多尼奥(Oristina Londono)设计包装(图 2-22)。他从法式的复古行李箱中得到启发,制作出一款随性又有趣的设计,由贴纸、印章、卡片组成一套。每次打包一份糕点时,都把这些包装元素混搭在一起,让每一份送货上门的产品到顾客手里时都看起来非常新鲜,并且能维持品牌视觉识别上的致密性。

包装的设计了涵盖各种尺寸,从小型饼干到中型的甜点,再到大型的蛋糕,都可以一一包装起来。隆多尼奥认为这个项目最具挑战是要设计出一个非常具有灵活性的方案。"Maypat当时还是一个比较小的公司,没有足够的预算,无法承受包装材料的大批量库存,并且他们在尝试在菜单上增加更多不同种类的产品,而每款产品都在尺寸和包装要求上各有不同,所以包装的解决方案需要非常实用,并且在任何情况下都非常易于改造。设计的过程中涉及很多模板、打样,也发现了很多错误。但最重要的是,在这个过程中,最主要的设计理念得以成形,设计的长处也逐渐彰显出来。找寻速度快成本低的印刷方法,让客户在包装时也有发挥设计的空间,是我们能提供的最好的设计方案。"

"在寻找最灵活的设计方案时,"隆多尼奥继续说,"我们想到把平版印刷与激光印刷结合在一起,用于印刷纸质物品和卡片。这个方法只能针对单颜色的包装盒表面的印刷,因此我们运用市场上能买的成品包装盒。为了完善设计方案,我们制作了套激光打印的贴纸,大小也方便裁剪,只要有些设计感,就能把每款产品包装得与众不同。"

图 2-22　高端点心品牌 Mary Pastry Shop 包装设计

(四)Two Bettys 绿色家居清洁公司的包装设计

Two Bettys 是一个位于明尼阿波里斯市的绿色家居清洁公司,相比那些比较严肃传统的绿色公司,Two Bettys 显得没那么平凡。他们对包装的诉求就是突出名字"Two Bettys"和绿色清洁这两点。最终的品牌风格组成的主要元素和设计语言主要包含了讽刺 20 世纪中期那些不环保的美国化工业产品的视觉包装元素,以及对"清洁"和"绿色"概念的本土化的表达。这些包装盒也有着名片的展示作用,也是品牌与潜在客户之间的沟通渠道。

该包装设计者伊巴拉(Ibarra)和博泽斯基(Byzewski)认为,设计这款包装最困难的方面是设计包装盒需要经过系列尝试,通过各种变形和实验,最终确定盒子的裁剪线。这种无须胶水的设计是效仿清洁剂的盒子。这些盒子(包括名片)都是由 Aesthetic Apparatus 亲自制作的,以纸为材料的三种颜色为一套的凸版印刷包装盒都是由一个本地的裁剪师剪裁的,并按客户的要求组装在一起(图 2-23)。

图 2-23 Two Bettys 绿色家居清洁公司的包装设计

(五)某品牌酸奶包装设计

该品牌酸奶包装设计者为鲁本·阿尔瓦雷斯。这一设计的灵感来自于超市里常见的玻璃容器。这样可以看到底部的半果酱的分层,有覆盆子酱、菠萝酱、黄桃酱和樱桃酱,上面覆盖着白巧克力和酸奶慕斯,最后以面包屑封层。

设计师觉得这款包装需要体现很高的质量,所用的材料也是一般专场上不常见的包装材料,就像"呼吸清新空气"一般。"产品包装上用硬纸板与蜡封的结合使用,显示了包装的极简主义及精巧工艺,也非常适合产品作为大众消费品的属性。"设计师桑德拉·费南德斯(Sandra Fernandez)评论道。

酸奶被包装在用硬纸板做成的圆柱形包装盒内,包装盒内衬金属纸(这两种材料都是防水的)。以白蜡封口是为了保持内部酸奶的新鲜。酸奶顶部埋藏了根绳子,食用前,只需拉一下绳子就可以打开包装的蜡封口。绳子的颜色暗示着内在酸奶的口味,并用贴纸将绳子固定在外盒的一侧。在瓶口的金属封条上,只列出原料、保质期和制作者签名。这一系列产品包括了四个包装,每款都以绳子的颜色和标签上的字母来区分(图2-24)。

图2-24 某品牌酸奶包装设计

(六)The Wallee 电子产品包装设计

The Wallee 电子产品包装设计(图 2-25)由设计师丹尼斯·弗兰克(Denise Franke)设计。

"为 The WaJlee 的全套 IPad 配件产品设计一款简单又有吸引力的包装,要能体现出产品的娱乐性、功能性以及易于使用的特性。选择一款厚硬纸板来制作不同大小的纸盒,将文字和插图以网版印刷的方式印刷到包装盒上,以减少对塑料材料的使用。"设计师弗兰克解释道。

图 2-25　The Wallee 电子产品包装设计

第三章　塑料包装材料的加工与应用

塑料包装材料是指将塑料制成各种形式的适宜商品包装的材料,如薄膜等。它与纸、木材、玻璃等包装材料相比,具有以下优点:透明度好,内装物可以看清;具有一定的物理强度,单位重量轻(密度小);防潮、防水性能好;耐药品、耐油脂、耐热、耐寒等性能良好;密封性能好,耐污染,能较好保持内包装物质量和卫生状态;适宜多种气候环境。因此,被广泛应用。

第一节　塑料包装材料的特性

一、塑料的特点

塑料是以树脂为主要成分,在一定温度和压力下塑造成一定形状,并在常温下能保持既定形状的高分子材料。其主要成分除树脂外,还有各种添加剂。

树脂受热时通常有转化或熔融范围,转化时受外力作用具有流动性,常温下呈固态或液态的有机聚合物,它是塑料最基本的、也是最重要的成分。它决定各类塑料在自然状态下的理化特性。树脂有天然树脂和合成树脂之分,天然树脂如松香、虫胶等;合成树脂如聚乙烯、聚氯乙烯、聚苯乙烯、聚酯、聚酚胺、聚氨酯等。塑料树脂能把填料或有机和无机物黏结成一定形状。塑料树脂是由许多重复单元或链节组成的大分子、高分子,也称聚合物、高聚物。目前世界上生产的高分子化合物大多应用于生产塑料。

大部分塑料中还需加入各种助剂以改进塑料的加工性能和使用性能。助剂有增塑型、稳定剂、润滑剂、填充剂、阻燃剂、发泡剂、着色剂等。助剂在一定程度上对塑料的力学性能、物理性能和加工性能起重要作用。有些塑料也可不加任何助剂,如聚四氟乙烯塑料,这样的塑料称为单组分塑料,否则即为多组分塑料。

塑料包装快速发展,它对减少运输、储存过程中的损失,对保护内装产品性能等都有独特的作用,对提高社会经济效益方面有显著效果。目前我国生产塑料包装制品的材料主要有:聚乙烯、聚丙烯、聚氯乙烯、聚酯、聚苯乙烯等。塑料包装制品类型也逐渐增多。塑料制品不仅已成为我国的重要工业门类,而且也是使用范围广泛的包装材料。如聚乙烯、聚丙烯薄膜开始取代玻璃纸,高密度聚乙烯和聚丙烯编织袋在化工、矿产及土特产品的包装上已大量取代传统的麻袋和牛皮纸袋。超薄膜、双向拉伸聚丙烯薄膜、复合薄膜、吹塑瓶等大型容器、编织袋、捆扎绳带、周转箱、钙塑瓦楞箱、泡沫塑料等都大量进入流通包装领域,并向系列化、标准化发展。

二、包装用塑料的主要性能指标

塑料的品种很多,不同品种的塑料具有不同的特性。所以人们形象地比喻塑料"像金属般坚牢,棉花般的轻盈,玻璃般的透明,钢铁般的韧性,橡皮般的弹性,云母般的绝缘"。作为包装材料的塑料,其理论上的主要性能指标应是:保护性指标、安全性指标和工艺性指标等,具体技术指标包括如下方面。

(一)阻透性

包装用塑料的阻透性主要包括:透光、透气、阻气、阻湿、透水等性能,其各种性能见表 3-1。

表3-1 塑料包装材料主要阻透性指标

性能指标	代号	单位	说明
透光度	T	%	材料抵抗光线穿透通过的性能指标，T值越小，材料的避光性能越好
透气性	Q_g	cm³/(m²·d)	指一定厚度的材料在一个大气压差下1 m²面积1d内所透过的气体量（在标准状态下）
透气系数	P_g	cm³/(m²·s·cmHg)	指材料本身的性能指标，即在单位时间内，单位气压差下透过单位厚度和面积材料的气体量
透湿度	Q_v	g/(m²·d)	Q_g、P_g值越小，表示其阻气性越好
透湿系数	P_v	g·cm/(cm²·s·cmHg)	指一定厚度的材料在一个大气压差下1 m²面积1 d内所透过的水蒸气系数克数
透水度	Q_w	g/(m²·d)	指材料本身透湿性指标，Q_g、P_g值越小，表示其阻湿性越好
透水系数	P_w	cm³/(cm²·s·cmHg)	塑料透水性是因水分子向材料溶入、迁移扩散最后溢出所致，也因材料内部结构形成的微孔道而直接渗透。Q_g、P_g值越小，表示其阻水性越好

(二)稳定性

稳定性是材料抵抗环境因素（温度、介质、光等）的影响而保持其原有性能的能力。塑料材料的稳定性主要包括耐高温、耐低温、耐油、耐老化等基本性能。大多数塑料有较好的耐油性、耐老化性，下面简要介绍耐温性。

1.耐高温性

耐高温性，即随温度的上升，包装材料的强度、刚性明显降低，同时也影响其阻气、阻湿、阻水等性能，塑料材料承受高温的性能用温度指标来表示，包括材料测试中常用马丁耐热试验、维卡软化点试验、热变形温度试验测定材料的耐热温度。用这些试验法测定的温度是在各种规定的载荷、施力方式、升温速度等条件下，材料达到规定变形量的温度，故各试验方法的耐热性指标之间无可比性，它只能作为在相同条件下各种塑料之间的耐热性能的比较。所测的数值并不表示该材料的最高使用温度，耐热温度越高其耐热性能就越好。

2. 耐低温性

耐低温性，即塑料的良好韧性随温度的降低而明显下降和变脆。塑料抗低温影响的耐低温性能用脆化温度 T50（脆折点）来表示。脆化温度是指材料在低温下受某种形式外力作用时发生脆性破坏的温度，一般通过低温对折试验、低温冲击压缩试验、低温伸长试验等。相同条件下材料脆化温度的高低可用作耐低温性能的比较，但不代表最低使用温度。

(三)机械力学性能

机械力学性能即在外力作用下塑料材料抵抗变形和破坏的能力的性能，塑料包装材料的主要性能指标见表 3-2。

表 3-2 塑料的主要机械性能指标

性能指标	说明
刚性/MPa	指材料抵抗外力作用而不发生弹性变形的性能
抗拉、压、弯～/MPa	指材料在拉、压、弯力缓慢作用下不破坏时，单位受力截面上所能承受的最大力
爆破强度	使塑料薄膜带破裂所施加的最小内压应力，表示受内压作用的容器材料抵抗内压的能力，常用来测定塑料包装的封口强度。也可用材料的抗张强度来表示
冲击强度/(J·cm^{-2})	材料抵抗冲击力作用而不破坏的性能指标，单位受力截面上所承受的最大冲击能量
撕裂强度/(N·cm^{-1})	材料抵抗外力作用使材料沿缺口连续撕裂破坏的性能，它指一定厚度的材料在外力作用下沿缺口撕裂单位长度所需的力
刺强度	材料被尖锐物刺破所需要的最小力

(四)无毒性

有无毒害属于安全性指标,塑料由于其成分组成、材料制造、成形加工及与被包装物品之间的相互关系等原因,存在着残留有毒单体或催化剂、有毒添加剂及分解老化产生的有毒物质的溶出和污染等不安全问题。目前大多采用模拟溶出试验来测定塑料包装材料中有毒、有害物质的溶出量,并进行毒性试验,由此获得对材料无毒性的评价,确定保障人体安全的有毒物质极限溶出量,以及某些塑料包装材料的使用限制条件。

(五)抗生物侵入性

塑料包装材料无缺口、无空隙缺陷时,材料本身一般能抵抗环境微生物的侵入渗透,但抵抗昆虫、鼠类等的侵入较困难,因为抗生物侵入的能力与材料的强度有关,而塑料的强度比金属、玻璃低。为保证包装物在储存环境中免受生物侵入污染,应对材料进行虫害的侵害率试验,为包装的选材及确定包装质量要求和储存条件等技术措施提供依据。

昆虫对包装材料的侵害率为:用一定厚度材料制成的容器,内装食品并密封后,至该包装材料在储存环境中,被昆虫侵入包装内,所经过的平均周数。入侵率是指:用一定厚度材料制成的容器,内装食品并密封后,至该包装材料在储存环境中,存放时每周内侵入包装的昆虫个数。包装材料侵害率数值越大或入侵率数值越小,则表示其抗生物侵入性能越好。

(六)加工工艺性能

塑料包装材料可以用挤出、注射、吸塑等方法成形,其加工工艺性能包括:包装制品成形加工工艺,包装操作工艺性、印刷适应性等,主要指标见表3-3。

表 3-3 塑料包装材料加工工艺性能指标

工艺性能	性能指标	说明
成形加工性	成形温度及温度范围成形压力/MPa 流动性 MFR/(g·10^{-1}·min^{-1}) 成形收缩率/%	温度低,范围宽,则成形容易 成形压力低,成形性能好 流动性好,成形容易 成形收缩率小,形状、尺寸精度高
包装操作工艺性	机械性能 热封性能	包括强度、刚度等指标表征材料的操作适应性能 热封温度、压力、热封强度等是包装材料的性能
印刷适应性	相溶性、印刷精度、清晰度、印刷耐磨性	相溶性指印刷油墨颜料与塑料的相溶性,食品包装一般均需印刷装潢,销售包装外层材料应具有良好的印刷性能

注:流动性可以用两种方式表示:MVR/(cm^3·10^{-1}·min^{-1}))及 MFR/(g·10^{-1}·min^{-1})。

三、塑料包装材料的主要种类与性能

塑料的种类很多,应用范围也日益广泛,但在通用的塑料包装中,仍以聚乙烯(PE)、聚丙烯(PP)等几种为主,下面分别介绍。

(一)聚乙烯

在塑料包装物中聚乙烯(PE)的使用量最大,在美国约有60%的包装塑料是聚乙烯,在我国达到70%左右。主要是因其成本较低,且性能优良。可分为:(1)高密度聚乙烯(HDPE)是结构最简单的一种塑料,它由一个基本的线性分子和不断重复的单个的乙烯构成;(2)低密度聚乙烯(LDPE)有相同的化学形式,所不同的是它有一支链接结构。

这两种聚合物都是由乙烯聚合而成。高密度聚乙烯的聚合过程是在相对温和的反应条件下,使用催化剂来完成的。

在聚乙烯上印刷有一定的难度,因其表面的非极性属性使油墨难以黏着。如果要在聚乙烯上进行印刷,通常须进行表面处理。表面的处理方法一般采用火焰处理法和电晕放电处理法。这两种方法都可使聚合物氧化,生成极性层面基团。

常温下的聚乙烯是一种相当柔软的材料,在低温时聚乙烯仍很好地保持这种柔软性。因此,聚乙烯可应用于冷冻食品的包装。但是,当温度适当提高时,如在100℃(212 ℉)时,它变得很柔软,具有广泛的适用性。HDPE比LDPE的脆度和变软的温度更高,但也不适于做热装的容器。

表3-4归纳了HDPE和LDPE的性能。T_g为玻璃化转变温度。高于此温度时,聚合物变得柔软,因为此时分子具有片段的迁移性。T_m为熔体温度。达到此温度时,聚合物的结晶变为无序态,形成液体流动的状态。拉伸强度指聚合物没有断裂时所能承受的最大的应力。拉伸模量是指对聚合物变形的初级线性阶段产生的应力与应变之比。WVTR为水蒸气透过率,可在一般条件下进行测量。

表3-4 聚乙烯的主要性能

	性能	HDPE	LDPE
1	T_g/℃	~120	~120
2	T_m/℃	128~138	105~115
3	密度/(g/cm^3)	0.94~0.965	0.912~0.925
4	拉伸强度/MPa	17.3~44.8	8.2~31.4
5	拉伸模量/MPa	620~1089	172~517
6	断裂伸长率/%	10~1200	100~965
7	薄膜撕裂强度/(g/25μm)	20~60	200~300
8	WVTR[g/(m^2·d),37.8℃和90%的相对湿度]	125	375~500
9	O_2渗透率[10^{4}cm^3/(m^2·d·1.01×10^{5}MPa),25℃]	4.0~7.3	16.3~21.3
10	CO_2渗透率[10^{4}cm^3/(m^2·d·1.01×10^{5}MPa),25℃]	20~25	75~106
11	吸水率/%(厚度0.32 cm,d)	<0.01	<0.01
12	薄膜产出率[(m^2/kg),25μm]	41.2	42.6

HDPE 具有成本低、易成形、性能优良等特点，因此广泛用于塑料瓶的制作。HDPE 的表面呈半透明状态，因而对透明度要求高的包装不适合使用。但是，HDPE 可被涂上各种鲜艳的颜色。HDPE 一般用于奶瓶、洗涤剂瓶，以及盛装各种家用化学品、保健品、化妆品的瓶子。HDPE 在包装方面还应用于 55 加仑圆桶、输送台、工业容器、盖罩及包装袋中。

使用 HDPE 有一个缺点，即环境应力裂性，指塑料容器无法承受压力和与产品接触的两方面的作用而开裂。单独一个条件的作用不会破坏塑料容器。聚乙烯的耐环境应力开裂性与聚合物的结晶性有着密切的关系。共聚单体的使用可降低结晶度，从而显著增强容器的耐环境应力开裂性。

LDPE 是使用最为广泛的包装聚合物，它的结晶度较低，是一种比 HDPE 更柔软的材料。LDPE 具有柔软的性能，因此不适于制作瓶子。但由于它的成本低，可用于制作薄膜和包装袋。LDPE 比 HDPE 的透明度高，但还达不到某些包装所需的清晰度。

HP-LDPE（高压低密度聚乙烯）和 LLDPE 的性能有明显的差异。HP-LDPE 的长链支化使其成为一种很好的热封材料。LLDPE 的热封温度更高（因其熔化温度更高），其热封的范围狭小。从另一方面看，LLDPE 的韧度、劲度、伸长率和阻透性都优于 HP-LDPE，但 LL-DPE 的成本较高。性能提高的 LLDPE 可制成更薄而更坚韧的薄膜。因此，用等量的材料可制得更多的包装物，在包装应用中广泛地被 LLDPE 所取代。通常还使用 LLDPE 和 HP-LDPE 的共混物，这是因为共混物既保持了 HP-LDPE 的热封性能，又具有 LLDPE 的性能。还有一个优点是加工性能提高了，在挤塑条件下，它的黏度比 HP-LDPE 更高。

共聚时加入单体的类型及共聚单体在生产中的使用量的不同，就会影响 LLDPE 的性能。一般来说，性能越好，成本越高。

在耐环境应力开裂性方面，LDPE 一般比 HDPE 好，LLDPE 比 HP-LDPE 好。

(二)聚苯乙烯

聚苯乙烯(PS)是一种加成苯乙烯聚合物。聚苯乙烯由于无法结晶,所以是一种无定形共聚物。侧基的整体属性对链的旋转起很大的阻碍作用,使 PS 成为一种高坚挺和高脆度的材料。不结晶性使它具有很高的透明度。PS 不适于在高温下使用,是由于它在约 100℃时呈流动的液态。另一方面,当温度适当提高后,PS 在应力作用下易产生流动使之易于挤出和热成形。脆度的降低可采用添加一些丁二烯橡胶,一部分作为接枝共聚物,一部分作为共混物,以使 PS 产生抗冲击性。提高抗冲击性使它的透明度降低,不添加抗冲击性改善剂的透明品级产品一般称为晶体 PS。

使用更为广泛,并且能够改变 PS 脆度的方法是将 PS 用于发泡成形中。而今,PS 泡沫塑料是使用最为广泛的包装塑料,也是良好的衬垫和绝缘材料。用于生产泡沫塑料的发泡剂一般是烃类或二氧化碳。过去,氯氟烃(CFCs)曾用于某些类型的 PS 泡沫塑料的生产中。由于对环境的破坏作用,国外已不再使用此法生产。现在,所有发达国家使用氯氟烃都被视为非法,这是 1989 年蒙特利尔条约草案及其修正案有关不再继续使用消耗臭氧的化学物质的条款出台后带来的积极结果。

通过对聚苯乙烯片材或薄膜的双轴取向可显著降低 PS 的脆度,现已开发出各种具有不同性能的苯乙烯聚合物。

一般来说,聚苯乙烯是一种低成本的聚合物,它对水蒸气和气体的阻透性相对较差,化学反应性强于 PP 和 PE。

(三)聚丙烯

聚丙烯(PP)也是聚烯烃家族中的一员,同样是重要的包装材料之一,是一种加成聚合物。

根据完全展开的聚合物链上的甲酯团的立体取向,可将 PP 分为三种类型。(1)当甲酯官能团是无规取向时,形成无规聚丙烯（APP）。该物质不可结晶，是一种分子间吸引力水平很低的无规塑料，在包装方面的应用有限。(2)当全同立构聚丙烯的甲酯官能团位于完全展开链的同侧，这使材料能够嵌入晶格中，所产生的结晶效果使材料有益于包装和其他应用。(3)当聚丙烯交替排列，甲酯官能团最初在一侧，后又移至另一侧时，这种类型称为间同立构聚丙烯，目前在包装中尚无重要的用途。

PP 是一种比 PE（极低密度的 PE 除外）密度低的材料，是因为甲酯官能团使晶体结构变得松散。它也是一种比聚乙烯坚韧的材料，其原因是甲酯官能团使聚合物主链旋转的顺畅性受到干扰。这种增强的韧度使 PP 广泛用于塑料盖、罩中。在这些应用中，PE 更为柔软，易发生严重的变形，导致盖罩的密封性不好。PP 也可用于没有衬垫的盖中，利用盖的回弹特点进行密封。

PP 的熔体温度高于 HDPE，因而可在 HDPE 变得过于柔软的情况下使用。微波炉用包装及热装瓶都是典型的例子。另一方面，在低温下，PP 比 PE 会更快变脆。在 PP 中混入少量的乙烯共聚单体，生成在低温下具有高抗冲击强度的聚合物。PP 比 PE 的热封难度大，因此 PP 薄膜通常是热封涂布的。

PP 比 PE 的结晶度低，这使它比 LDPE 的透明度好。要进一步提高透明度，可通过添加核化添加剂形成多个结晶增长点，使平均结晶尺寸减小。在生产过程中使用的薄膜快速冷却法也可使 PP 具有高透明度。在聚丙烯瓶生产中添加了核剂的新型 PP 共聚树脂可制成透明度很高的最终产品。

自聚丙烯实现商业化后，良好的透明度和坚韧度使 PP 在许多包装物中最终代替了赛珞玢。与赛珞玢相比，PP 的价格较便宜，稳定性较好，性能甚至更好，薄膜成为 PP 的一个主要市场。

PP 在化学上呈惰性，尽管它比 PE 更易被氧化剂氧化，但它与 PE 的阻透性差不多。PP 是优良的水蒸气阻透剂，气体阻透性差，耐环境应力开裂性良好。

PP 有一种优良的性能是它具有承受反复挠曲的能力，这种性能为 PP 赢得了"活铰链"材料称号。表 3-5 详细归纳了 PP 等的性能。

表 3-5　PP、PVC、PET 的主要性能

性能	PP	PVC	PET
T_g/℃	~10	75~105	73~80
T_m/℃	160~175	212	245~265
密度/(g/cm³)	0.89~0.91	1.35~1.41	1.29~1.40
拉伸强度/MPa	31~41.3	10.3~55.3	48.2~72.3
拉伸模量/MPa	1140~1550	~4139	2756~4135
断裂伸长率/%	100~600	14~450	30~3000
薄膜撕裂强度/(g/25μm)	50	30	
WVTR[g/(m²·d),37.8℃ 和 90% 的相对湿度]	100~300	750~15750	390~510
O_2 渗透率 [10^4cm³/(m²·d·1.01×10^5MPa),25℃]	5.0~9.4	0.37~23.6	0.12~0.24
CO_2 渗透率 [10^4cm³/(m²·d·1.01×10^5MPa),25℃]	20~32	1.1~19.7	0.96~0.98
吸水率/%(厚度 0.32 cm,d)	0.01~0.03	0.04~0.75	0.1~0.2
薄膜产出率[(m²/kg),25μm]	44.0	27~30.5	30

(四)聚氯乙烯

聚氯乙烯(PVC)是一种由氯乙烯通过加聚反应生成的合成树脂。在室温下,PVC 呈常态,具有一定的硬度。PVC 的熔融温度和分解温度很接近,因而非改性的 PVC 是很难加工的。PVC 分解所产生的 HCL 具有高度的腐蚀性,遇水时腐蚀性尤强。为减少分解,PVC 中要加入稳定剂。一般使用稳定效果好、透明度好、无毒的有机锡,如硫醇辛基锡常用于食品和医药包装中的硬质 PVC。

增塑剂常被用于 PVC 的改良,起内润滑剂的作用,可提高材料的柔软性。它还可使材料在较低的温度下产生流动,从而降低加工的温度。用于包装等方面的软质 PVC,一般应是高度增塑的

PVC。另外 MBS(甲基丙烯酸酯—丁二烯—苯乙烯)、ABS(丙烯腈—丁二烯—苯乙烯)、氯化聚乙烯和丙烯酸酯等抗冲击改性剂也可与 PVC 共混。

PVC 具有极性,这使它与增塑剂及其他添加剂有极强的亲和性。因此,PVC 可制成各种不同韧性的产品,从硬质容器到很柔软的薄膜。事实上,PVC 配方中混入添加剂的多少和类型对它的性能有很大的影响。非增塑型的 PVC 树脂有相对良好的阻透性能,而高度增塑薄膜的阻透性差。树脂的特性也要通过聚合作用得到改善,表 3—5 对 PVC 的性能作了详细的归纳。

从表面上看,PVC 的透明度好,呈淡蓝色,但经久变黄,所以常将 PVC 涂成较深的蓝色,可将黄色掩盖掉。PVC 在包装方面的主要用途是制作热成形泡罩,也应用于水瓶、肉类等的弹性外包装方面。同样是出于对环境问题的考虑,近年来 PVC 的使用已大大减少。

与 PVC 相关的环境问题是该材料所含的残余氯乙烯单体有可能渗透到食品中。经确认,在某些条件下,氯乙烯单体是一种致癌物。如今生产出的 PVC 包装树脂比 20 世纪 70 年代中期用于制作容器的 PVC 中残留的氯乙烯含量已大大降低。

PVC 的处理,尤其是将它焚烧,可引起环境问题。众所周知,燃烧 PVC 可产生 HCl,怀疑它会产生氯化二噁英。由于这些原因,使 PVC 正快速被与之作用相同且对环境无副作用的 PET 等所取代。

(五)聚酯

聚酯是一种含有酯类键系的聚合物。聚酯可分为热塑性和热固性塑料两种。目前包装及其他市场中,最常用的聚酯是聚对苯二甲酸乙醇(PET)。实际上,聚酯服装和地毯也是由 PET 制成的。

聚对苯二甲酸乙二醇(PET)是一种缩合聚合物,占美国包装塑料的 10% 以上。从 20 世纪 50 年代开始有 PET,到 70 年代中期,PET 的迅速推广使用,用于生产 PET 的原材料有对二甲苯和乙烯。对二甲苯可转化为聚对苯二甲酸乙酯或对苯二酸,乙烯则转化为乙二醇,而后这些单体聚合形成 PET。在此缩合过程中,如果使用的是对苯二酸,产生的副产物分子是水,如果使用的是对酞酸二甲酯,产生的副产物分子是甲醇。在缩聚反应完成后的一个固态增黏的过程中,聚合物分子增多,PET 的黏性增强。

PET 对氧气和二氧化碳的耐受性是塑料中最好的。PET 通过双轴取向而得到更好的二氧化碳的阻透性,使它开辟了软饮料的市场,并大部分取代了玻璃所占领的市场。近年来,PET 已大大超越了饮料瓶市场中其他类型包装材料。

CPET 可制成置于微波炉、烤箱内的耐热的冷冻食品的包装托盘,这是因为 CPET 增强的结晶性能大大减少托盘在升温时发生变形的现象。在某些情况下,这些托盘制成双层结构,兼有 CPET 的硬度和 APET 在低温状态下的抗冲击强度。

PET 的缺点之一是熔体强度低,这给不能用共挤吹塑法生产普通型号的产品带来很大的难度。PET 的化学稳定性也大大低于加成聚合物,易吸潮,因此粒状 PET 需经干燥后再加工。但 PET 是一种环保型材料,再加上 PET 是一种比 HDPE 属性有所增强的、更有价值的材料,这些因素推动了塑料回收工作。表 3-5 列示了 PET 的性能指标。

以上介绍的塑料,以数量计算,占所有包装用塑料的 95% 以上。但是,还有很多具有特殊用途的塑料。下面将作进一步的介绍。

(六)聚酰胺 PA

聚酰胺是一类在主链上含有许多重复酰胺基团的高分子化合物,又称尼龙(Nylon),其品种已多达几十种(如使用较多的尼龙$_6$ 和尼龙$_{11}$等)。不同种类的尼龙,由于其化学结构上的相似性,在性能上有许多共同之处。尼龙的拉伸和压缩强度随温度和吸水性而产生变化。随着吸湿量的增强,各种尼龙的屈服强度降低,而屈服伸长率增加。尼龙的抗冲击强度较高,随着温度和含水率的增高,其抗冲击强度更大,这一点与拉伸强度和压缩强度相反。

尼龙与其他热塑性塑料相比,它的软化温度范围窄,具有比较明显的熔点。

尼龙耐碱性好,能耐芳香烃的侵蚀,因此可用来包装润滑油和燃料等。水、醇对尼龙有增塑的倾向而使其溶胀。

尼龙的优点是耐磨、韧性好、耐热、耐寒、耐药品、质量轻、自润滑、易成形、无毒、易染色。其缺点是耐酸性、耐光性和耐污染性均较差,以及由于热膨胀及吸水性而影响尺寸的精度。

尼龙易于识别的特点为韧性、角质、微黄、透明至不透明。燃烧时是慢燃,离火后慢熄,火焰为蓝色而上端为黄色,燃烧时熔融滴落、起泡,有特殊的羊毛或烧焦指甲气味。透明尼龙是无定形聚酰胺,化学名为聚对苯二酰三甲基己二胺,其厚壁制品也有永久的透明性。

透明尼龙对无机酸、氧化酸、酶类、脂肪烃、芳香烃、油脂等均有优良的抵抗性。透明尼龙制品不易被果汁、咖啡、茶、墨水等玷污。

芳香尼龙的种类也很多,较常见的是聚间苯二酰间苯二胺(简称 HT-1),又称菲尼龙。它是由间苯二甲酰氯和间苯二胺通过界面缩聚而得。

芳香尼龙的特点是耐高温、耐辐射、耐腐蚀,主要用于制造薄膜和纤维。HT-1 能溶于浓硫酸、二甲基甲酰胺等,但不溶于醇类、丙酮、芳烃及脂肪烃中。在受潮后还能保持较高的电绝缘性能,是云母材料所不及的。

聚酰胺薄膜的生产,有 T 型模法和吹塑法。聚酰胺薄膜分为未拉伸薄膜和双向拉伸薄膜两种。

聚酰胺薄膜具有无毒、透明、耐油、耐磨、耐药品、强度高、不带静电、保香性、印刷性好等优点,而高低温性能尤其突出,可在 $-60℃\sim +200℃$ 下使用。其缺点是透湿性大、挺力差、不易热合,故常与 PE 等薄膜复合。这是由于聚乙烯薄膜耐水、耐腐蚀、热封性好,但对氧气的透过性大;而聚酰胺薄膜对氧气的透过性小,强度高,但热封性差,将这两种材料复合既解决了气密性,又具有热封性,因而是一种较理想的复合薄膜。聚酰胺薄膜是用于油脂类食品、冷冻食品、真空包装食品、蒸煮杀菌食品、奶制品等方面的重要包装材料。

(七)聚偏二氯乙烯

聚偏二氯乙烯是偏氯乙烯的均聚物(PVDC)。与PVC相比,PVDC为高度结晶性聚合物。当温度升高时PVDC易分解,像PVC一样难于加工,因此,人们通常使用其改性形式。包装用PVDC的最主要的优势是它具有优良的阻透性。改性的目的是达到既保持它的阻透性又提高其加工性,人们常使用少量的增塑剂和其他加工助剂。

PVDC对氧气和其他气体、水蒸气、气味有优良的阻透性,且不会因潮湿而受到影响。它还有良好的耐环境应力龟裂性和耐热装和蒸煮的能力。PVDC可用于各类包装构型中,包括单层薄膜,更多用于多层结构的一部分。PVDC的透明度很高,呈黄色。PVDC薄膜非常柔软,有良好的强度自紧力。它的熔体强度低,因而将它挤出成单层材料时应特别注意。

PVDC长期暴露于热(特别是有铜、铁存在时)、阳光、紫外线辐照时,会变为暗色并降低强度,但通常不会严重恶化,不受细菌、昆虫的侵蚀。

PVDC与许多高熔点聚合物一样,在室温下不溶于一般溶剂。

目前工业上所应用的聚偏二氯乙烯薄膜,实际均是偏氯乙烯—氯乙烯共聚物(其氯乙烯含量在15%左右),该薄膜可采用挤出吹塑法或挤出流延法生产。方法是在树脂中加入稳定剂等成分,采用特殊螺杆挤出。

该薄膜的热熔封温度比较低,一般在120℃~150℃。可以用远红外线密封、脉冲密封、超声波密封和溶剂密封。其中以远红外密封的密封性和强度为最佳,而脉冲密封可以避免用普通的电热极密封所造成的皱折现象和减少热降解产生的氯化氢,溶剂密封只在包装非食品时用,常用溶剂为四氢呋喃或环己酮。

(八)聚乙烯醇

聚乙烯醇(PVA)是聚醋酸乙烯酯的水解产物,而不是单体乙烯醇的聚合物,因为游离的乙烯醇不稳定,易异构化成乙醛。聚合度主要取决于聚醋酸乙烯酯,但由于水解过程中会有少许降解,故聚乙烯醇的聚合度略低于相应的聚醋酸乙烯酯。

聚醋酸乙烯酯的水解可在酸性或碱性的醇液中进行,在工业生产上为了容易净化和提高产品的稳定性,多用碱性醇液水解。

PVA 一般均溶于水,但通过下列方法处理,可提高其耐水性:(1)在 200℃下进行热处理,生成部分交链,当受热温度超过 160℃时即可大大提高其耐水性;(2)用醛处理,使其表面生成不溶于水的聚乙烯醇缩醛;(3)利用适当的有机物使分子链交链,如邻苯二酸二乙酯、丁二酸二乙酯等。

PVA 相对密度为 1.26—1.29,折射率为 1.52,紫外线照射后发蓝白色荧光;吸水性大,浸入水中能溶解;能透过水汽但难透过醇蒸气,更不透过有机溶剂蒸气、惰性气体和氢气。聚乙烯醇薄膜的气密性甚至优于聚偏二氯乙烯,但是随着吸湿性的增加而剧烈下降。

PVA 薄膜拉伸强度达 34.3 MPa,断裂伸长率取决于含湿量,平均可达 450%。其薄膜的硬度随分子量的增加而增加,并耐折耐磨。

PVA 虽为结晶性高聚物,但熔点不敏锐,熔融温度范围为 220℃~240℃,其结晶区的熔点为 220℃。含 50%甘油作增塑剂的聚乙烯醇熔点为 175℃;而尚未水解完全,含 7%乙酰基的聚乙烯醇熔点为 170℃,所以增塑剂的加入和水解的不完全都会降低其熔点。

PVA 受热软化,未增塑的 PVA 使用温度为 120℃~140℃,160℃开始脱水,脱水反应为分子内或分子间的醚化反应,醚化的结果降低了其在水中的溶解度,但耐水性增大,刚性变大而呈脆性。当温度超过200℃时,PVA就开始分解。

PVA的成形温度为120℃～150℃,未增塑的PVA在干燥状态下的热封温度为165℃～210℃,而在50%RH(相对湿度)下为110℃～150℃。

由于PVA在一般气候条件下都会吸湿,故不宜用作电绝缘材料。

PVA薄膜工业生产多采用溶液流涎法或挤出吹塑法。

PVA薄膜一般分耐水性薄膜和水溶性薄膜两种。将皂化值达99%以上的PVA薄膜在一定温度下进行热处理,则该薄膜结晶化,因而具有较好的耐水性。水溶性PVA薄膜所用树脂为部分皂化物,这样的薄膜难于结晶化,因而能溶解于冷水中。如在PVA主链上引入醋酸丙烯酯、马来酸、富马酸等单体,或者使环氧乙烷与聚乙烯醇反应,可得非结晶性的树脂,由此所制得的膜均为水溶性聚乙烯醇薄膜。该薄膜经双向拉伸,其拉伸强度显著提高,但湿度的变化对物性有较大影响。

PVA薄膜的透明性、气密度、耐油性、印刷性、表面光泽均很好,而且不带静电,手感柔软,有较强的韧性。其缺点是热粘接性稍差,但可利用高频法或脉冲法进行焊接,是服装、纺织品包装的重要用材。它在食品包装上也引起人们的极大注意。因该薄膜可溶于水,常用于计量包装的染料、农药、洗涤剂等,使用时将袋子和内装物一起投入水中溶解而应用。由于薄膜吸潮,因而袋内不积露水。

(九)乙烯—醋酸乙烯酯聚合物

乙烯—醋酸乙烯酯聚合物(EVA)是由乙烯和乙酸乙烯酯共聚而得。

乙烯—醋酸乙烯酯聚合物是用乙烯-乙烯酯来改变聚乙烯的结晶性,根据EVA中醋酸乙烯酯的含量不同,可作塑料、热熔胶(HMA)、胶黏剂、压敏胶(PSA)、涂料等之用。例如,当EVA中醋酸乙烯酯含量约为3%（质量）时，共聚物柔顺性增加，抗冲击强度增加，耐老化性提高，可作透明无毒薄膜包装材料。当EVA中醋酸乙烯酯含量为10%～15%时，它的柔顺性与增塑聚氯乙烯一样，低温柔顺性及韧性都好。当EVA中醋酸乙烯酯含量为20%左右时，它是可以溶于苯或甲苯的软树脂，可用作胶黏剂。而EVA中醋酸乙烯酯含量为25%～40%时，主要用作热熔胶，往往与石蜡或沥青合并使用，这对于包装工业十分重要。EVA不用溶剂，没有空气污染问题；不用乳液，没有干燥问题；只要自身冷却即能黏合牢固，不怕水，不怕霉。当乙酸乙烯酯含量为45%左右时，它具有橡胶性质，可以用过氧化物交联成弹性材料。

(十)乙烯—乙烯醇聚合物

在需要有氧气的阻透性的领域中，乙烯-乙烯醇聚合物（EVOH）的使用迅速增长。如果将EVA水解成EVOH，所得到的聚合物不再像聚乙烯醇一样可溶于水，但它保持了良好的阻透性能。现在使用的配方一般为含质量分数27%～48%的乙烯。乙烯含量越低，干燥后的聚合物的阻透性能越好，但湿度敏感性也越强。EVOH聚合物是高度结晶的，由于-H、-OH基团有嵌入晶格中同一位置的能力，此聚合物也可进行熔体加工。EVOH具有高度的耐油性和耐有机溶剂性，还具有高强度、韧度及透明度。只要能控制好湿度，EVOH通常可作为在需要有良好的气体阻透性的领域的最佳选择。EVOH还是溶剂和气味的优良的阻透剂。

因为EVOH对湿度的敏感性，它通常用作共挤包装结构中的内层，夹在聚烯烃或其他有良好的水蒸气阻透性的聚合物之间。这些结构中，EVOH和聚烯烃之间有一层黏合/黏结层，以使极性的EVOH和非极性的聚烯烃之间具有适度的黏合力。对于蒸煮产品而言，在加工过程中，在这些防湿手段不足以防止氧气的渗透的情况下，可在EVOH和聚烯烃之间的黏结层中添加干燥剂。干燥剂在吸收蒸煮的过程中渗入聚烯烃的湿气，从而保持干燥,也就保持了 EVOH 的氧气阻透性。

(十一)聚碳酸酯

聚碳酸酯(PC)是在分子链中含有碳酸酯的一类聚合物。根据 R 基种类的不同,分为脂肪族、酯环族、芳香族或脂肪—芳香族的聚碳酸酯。目前工业生产上主要是双酚 A 型聚碳酸酯。

PC 的主要单体除双酚 A 以外,根据聚合方法的不同还有另外两种单体,即光气(有毒)和碳酸二苯酯。

PC 相对密度为 1.20,呈微黄色,着色性好,加入少许淡蓝色后,可得到无色透明制品。刚硬而韧性好,具有良好的尺寸稳定性、耐蠕变性、耐热性及电绝缘性。缺点是容易应力开裂,耐溶剂性差,不耐碱,高温易水解,与其他树脂相容性差,摩擦系数大,无自润滑性。

燃烧时慢燃,离火后慢熄,火焰呈黄色,有黑烟炭束。燃烧后塑料熔融、起泡、发出特殊的花果臭气味。

PC 抗冲击强度高,尺寸稳定性好,成形收缩率恒定为 0.5%～0.7%。在较高温度、较长时间的载荷作用下,冷流动性较小,优于聚甲醛。

PC 的热变形温度为 135℃～145℃,若用玻璃纤维增强后还可提高 15℃。线胀系数低,耐老化性较好。为了防止紫外线对它的影响,可加入苯并噻唑及二苯甲酮类的衍生物作稳定剂。

PC 能溶于二氯甲烷、二氯乙烷、甲酚、对二氧六环等溶剂中。

PC 的熔融黏度高(在高剪切速度下它的熔融黏度高,但随着温度上升迅速下降)。在加工过程中制品质量对含湿含量敏感,如在 300℃的加工过程中含有水分则会引起水解,降低性能(产品容易产生银条斑纹和气泡现象)。室温下 PC 的吸湿量对其性能影响不大。

塑料材料是当今发展最快的包装材料,各种新型材料不断涌现,本书仅作基础阐述。

第二节　塑料的组成及塑料包装材料的种类

一、塑料的组成

树脂是塑料中最主要的组分,它是决定塑料类型、性能和用途的根本因素。单一组分塑料中含树脂几乎达100%,在多组分塑料中,树脂的含量约为30%~70%。塑料组分中除了树脂外,还有以下添加剂。

(一)填充剂

填充剂又称填料,是塑料的重要组成部分,它是对合成树脂呈惰性的补充材料。填充剂的加入不仅是单纯的混合,除了增量作用,降低成本外,往往可以改变塑料的硬度、抗冲击强度、耐磨性和尺寸稳定性,还可以改善塑料的耐热性能、电性能、抗化学及美化外表。填充剂的种类很多,常用的有机填料有木粉、棉花、纸张和木材单片等,常用的无机填料有碳酸钙、硅酸盐、黏土、滑石粉、石膏、石棉、方丹、金属粉、玻璃纤维等。填充剂的用量根据性能要求加入,一般在40%以下,有时也会超过合成树脂的用量。

(二)增塑剂

为了使塑料具有柔软性、弹性和流动性,必须使塑料本身或通过添加增塑剂进行增强。没有增塑剂,塑料不可能制成薄膜、片材、管子和其他柔软产品。增塑剂可促成包括聚合物结构中的分子链的内部运动,增塑剂能让这些分子链相互运动,且在运动中保持最小的摩擦系数,这样,它起到了一种内部润滑剂的作用,克服了链与链之间的分子作用力(引力),阻止了分子链之间的相互缠结。在加工过程中,温度越高,分子链与分子链之间的增塑剂渗透得越快，其实际柔韧性就越强。

大多数增塑剂是液体，具有与树脂相溶的特点。增塑剂通常是无色的、低蒸气压性和热稳定性好的液态有机物。常用的增塑剂主要有邻苯二甲酸酯、脂肪二元酸酯、膦酸酯、环氧化合物、含氯化合物等。

(三)稳定剂

塑料制品在加工和使用过程中，由于受热、光或氧的作用，过早地发生降解、氧化断链、交联等现象，使材料性能衰变。为了稳定塑料制品质量，阻缓制品材料变性，延长使用寿命，通常在其组成成分中加入稳定剂，所以稳定剂又称防老化剂。

稳定剂的加入可抑制聚合物因光照、热、高能辐射、超声波、水、氧、微生物等因素造成的降解，使塑料变色、脆裂、强度下降等变质过程减缓。由于不同聚合物降解的机理不同，所以选用的稳定剂也不同。

按稳定剂的作用可分为热稳定剂、光稳定剂、抗氧化剂等。

热稳定剂可与具有催化作用的金属离子络合，或者能消除产生的游离基等活性中心。如聚氯乙烯成形加工时的塑料熔融流动温度接近于分解温度，容易分解出盐酸，而盐酸又会起催化作用，促进聚氯乙烯加速分解。为了防止这一影响，可在其组分中加入硬脂酸盐作为热稳定剂以阻缓这种变化。常用的热稳定剂有脂肪酸、酚或醇类的铬、镍、镉、锌盐，有机锡化合物，胺类、亚膦酸酯及硫醇类等。

光稳定剂有紫外线吸收剂、光屏蔽剂等。常用的光稳定剂有：α—羟二苯甲酮衍生物、取代丙烯酸酯、芳酯(如间苯二酚酯、水杨酸芳酯)镍络合物，以及颜料(如炭黑、氧化锌、氧化钛等)。

抗氧化剂可以抑制合成树脂氧化、降解。常用的抗氧化剂有酚(如 2,6-二叔丁基酚)、芳香胺(如 N,N-二苯基对苯二胺)、正膦酸酯类(如三壬基苯基正膦酸酯)和各种类型的含硫化合物(如硫化二丙酸二月桂酯)等。

(四)固化剂

固化剂也称硬化剂,作用是在塑料树脂中生成横跨键,使分子交联,由受热可塑的线形结构,变成体形(网状)的热稳定结构,如环氧、醇酸树脂等,在成形前加入固化剂,才能成为坚硬的塑料制品。

固化剂的种类很多,通常随着塑料制品及加工条件不同而改变。用于酚醛树脂的固化剂有六次甲基四胺,环氧树脂的固化剂有胺类、酸酐类化合物,聚酯树脂的固化剂是过氧化物等。

(五)着色剂

颜色是塑料制品和包装物的一个重要的特色。目前,使用的着色剂能使塑料制品染成从淡色到深色及其他各种不同颜色。用于塑料制品的两种基本着色剂为染料与颜料。染料与颜料相对来说不易溶解,但能扩散在整个塑料制品中。在塑料制品的整个使用过程中,颜料比染料更稳定,不易褪色。现在使用的一种着色剂,叫作色母料,它可在加工成形过程中加入塑料制品中去。塑料制品中可将这种着色剂和塑料成分拌在一起,或在制品加工时直接加进这种着色剂,就能使塑料变色。

(六)润滑剂

为改进塑料熔体的流动性能,减少或避免对塑料制品加工设备的黏附,提高制品表面光洁度等,而加入塑料中的该类添加剂称为润滑剂。一般聚烯烃、醋酸纤维素、聚酰胺(尼龙)、ABS树脂、聚氯乙烯等在成形加工过程中,常常加入润滑剂,其中尤以聚氯乙烯最为需要。润滑剂可根据其作用不同,而分为内润滑剂及外润滑剂两类。内润滑剂与塑料树脂有一定的相溶性,加入后可减少树脂分子间的作用力,降低其熔体黏度,从而削弱聚合物间的内摩擦。一般常用的内润滑剂有:硬脂酸及其盐类、硬脂酸丁酯、硬酯酰胺等。外润滑剂与塑料树脂仅有很小的相溶性,而在成形过程中,易从内部析出黏附在设备的接触表面(或涂于设备的表面),形成润滑剂层,降低了熔体和接触表面间的摩擦,防止塑料熔体对设备的黏结。属于这类润滑剂的有硬脂酸、石蜡、矿物油及硅油等。

塑料中除上述组分外,有时根据特殊用途,在其中还加入发泡剂、防黏剂、增韧剂、抗静电剂等。

所以,通常所说的塑料是由合成树脂与添加剂等组分共同组成的。表明各种添加剂与树脂重量的比例关系称为配方,它是根据包装物的用途,所需性能和成形要求,再结合各种组分的特性和来源制定的,合理的配方既能改善加工工艺条件,又能以较低的成本生产出优质塑料包装物,因此配方要经过多次反复实践,才能不断完善和提高。

二、塑料包装材料的分类

塑料的种类很多,约有300多种,而常用的约几十种。一般分类如下。

(一)按塑料的物理化学性能分类

(1)热塑性塑料,指在特定温度范围内能反复加热软化和冷却硬化的塑料,如聚乙烯、聚丙烯、聚氟乙烯和聚苯乙烯等。

(2)热固性塑料,指因受热或其他条件能固化成不溶性物料的塑料,如酚醛塑料、环氧塑料、脉醛塑料、不饱和聚酯、氨基塑料及呋喃塑料等。

常用的塑料包装材料及其外文缩写见表3-6。

表3-6 常用塑料材料中英文对照

缩写代号	中文名称	缩写代号	中文名称
AS	苯乙烯—丙烯腈共聚物	PC	聚碳酸酯
ABS	丙烯腈—丁二烯—苯乙烯共聚物	PVA	聚乙烯醇

续表

缩写代号	中文名称	缩写代号	中文名称
ASA	丙烯腈—苯乙烯—丙烯酸酯共聚物	PI	聚酰亚胺
EPS	发泡级聚苯乙烯	PP	聚丙烯
E/P	乙烯—丙烯共聚物	PE	聚乙烯
LDPE	低密度聚乙烯	FR-PP	玻璃纤维增强聚丙烯
LLDPE	线性低密度聚乙烯	OPP	定向拉伸聚丙烯薄膜
HDPE	高密度聚乙烯	BOPP	双向拉伸聚丙烯薄膜
PB	聚丁二烯	EVOH	乙烯—乙烯醇共聚物
PVC	聚氯乙烯	EVA	乙烯—醋酸乙烯共聚物
CPVC	氯化聚氯乙烯	PT	黏胶纤维素薄膜(普通玻璃纸)
PVDC	聚偏二氯乙烯	VCVDC	氯乙烯—偏二氯乙烯共聚物
PS	聚苯乙烯	VCVAC	氯乙烯—乙酸乙烯酯共聚物
CA	醋酸纤维素薄膜	EP	环氧树脂
EC	乙基纤维素薄膜	PE-C	氯化聚乙烯
PC	聚碳酸酯	MC	甲基纤维素
HIPS	耐高冲击改性聚苯乙烯	MABS	甲基丙烯酸酯—丙烯腈—丁二烯—苯乙烯共聚物
PTFE	聚四氟乙烯(特氟隆)	PBT	聚对苯二甲酸丁二酯
PAN	聚丙烯腈	PMMA	聚甲基丙烯酸甲酯(有机玻璃)
PVAL	聚乙烯醇	PVDC	聚偏二氯乙烯
PET	聚对苯二甲酸乙二醇酯(聚酯)	PUR	聚氨酯
PA	聚酰胺(尼龙)	UF	脲醛树脂(电玉)
PA_6	聚己内酰胺(尼龙$_6$)	PF	酚醛树脂(电木)
KPT	聚偏二氯乙烯涂布黏胶纤维素薄膜(防潮玻璃纸)	MBS	甲基丙烯酸酯—丁二烯—苯乙烯共聚物
PA_{66}	聚己二酰己二胺(尼龙$_{66}$)		

(二)按塑料用途分类

(1)通用塑料。一般指产量大、用途广、成型性好、价廉的塑料,如聚乙烯、聚丙烯、聚氯乙烯、聚苯乙烯等。

(2)工程材料。一般指能随一定的外力作用,并有良好的机械性能和尺寸稳定性,在高低温下仍然保持其优良性能,可以作为工程结构构件的塑料。工程塑料又可分为通作工程塑料(如聚酰胺、聚甲醛、聚碳酸醋、改性聚苯醚、热塑性聚酯、乙烯醇共聚物等)和特种工程塑料(如聚矾、聚苯硫醚、聚酰亚胺、聚氨基双马来酰胺、交联聚酰亚胺、耐热环氧树脂等)。

(3)特种塑料。一般指具有特种功能(如耐热、自润滑等),应用于特殊要求的塑料,如氟塑料、有机硅等。

(三)按塑料成型方法分类

(1)模压塑料,指供模压用的树脂混合料。如一般热固性塑料。

(2)层压塑料,指浸有树脂的纤维织物,可经叠合、热压结合而成为整体材料。

(3)注射、挤出和拉吹塑料。一般指能在料筒温度下熔融、流动,在模具中迅速硬化的树脂混合料。如一般热塑性塑料。

(4)浇铸塑料。指能在无压或稍加压力的情况下,倾注于模具中能硬化成一定形状制品的液态树脂混合料。如 MC 聚酰胺。

(5)反应注射模塑料。一般指液态原材料,加压注入模腔内,使其反应固化制得成品。如聚氨醋类。

(四)按塑料半制品和制品分类

(1)模压塑料,又称塑料粉,主要由热固性树脂(如酚醛)和填料等经充分混合、滚压、粉碎而得。如酚醛塑料粉。

(2)增强塑料。加有加强材料而某些力学性能比原树脂有较大提高的一类塑料。增强塑料按增强材料的外形可分为粒状增强塑料(如钙塑料)、纤维增强塑料(如玻璃纤维或玻璃布增强塑料)、片状增强塑料(如云母增强塑料);按增强材料的材质可分为布基、石棉增强塑料(如碎布增强塑料)、无机矿物填充塑料(如石英、云母填充塑料)、玻纤增强塑料(如预浸渍料、SMC,BMC等)、特种纤维增强塑料(如碳纤维增强塑料)、金属纤维增强塑料(如钢丝增强塑料)。

(3)泡沫塑料,指整体内含有无数微孔的塑料。它又可分为硬质泡沫塑料、半硬质泡沫塑料和软质泡沫塑料。

(4)薄膜。一般指厚度≤0.25mm的平整而柔软的塑料制品。

(五)按塑料包装制品形态划分

按塑料包装制品形态划分是当前使用的主要分类方式,可将其分为六大类。

(1)塑料薄膜。它包括普通薄膜、定向拉伸薄膜、涂布薄膜、复合薄膜等。薄膜可定义为厚度小于 0.3 mm 的软质塑料薄片材。

(2)中空容器(瓶、罐)类。

(3)塑料箱,包括食品周转箱。

(4)编织袋。

(5)塑料带,包括胶合带、捆扎绳等。

(6)泡沫塑料等。

此外,还可按使用程度可分为一次性包装、再用包装等;按包装对象可分为食品包装、药品包装、纺织包装、液体包装、粉状包装、器械包装、危险品包装等。

第三节 塑料包装材料的加工技术

一、塑料表面处理

目前已广泛地使用有标记、着色涂饰等装饰的塑料制品。在施彩加工时,有些塑料如 PVC、PS,无须经过表面处理,就可直接使用。但是,像聚烯烃、聚甲醛等,若不经处理,印刷牢度就很差。因此,除了选择适当的油墨以外,表面处理质量如何,就成了这类材料的印刷质量好坏的又一个关键。

就一种塑料来说,是否需要进行表面处理,主要取决于这种塑料的表面自由能。一般来说,若表面自由能$<3.3\times10^{-6}\sim3.5\times10^{-6}$ J/cm^2,则这种塑料必须进行表面处理,反之就不必处理,可直接用于印刷。

表面处理是指塑料制品的表面施行有用的装饰前的加工。由于大多数塑料的表面电阻和体积电阻均大,表面又是带静电性的,因此表面容易吸附灰尘,不美观,在印刷过程中,摩擦产生的电荷的积聚,会造成生产和安全事故。所以表面处理也包括防静电处理。下面介绍有关这方面塑料表面处理的方法。

(一)防静电处理

塑料成型品,如塑料薄膜袋,由于灰尘污染,在薄膜制造中卷取操作时,当薄膜夹在橡胶辊筒通过会引起严重带电,放电时,使薄膜穿孔,印刷时,油墨飞溅,致使印刷不够美观。这是因为塑料都有较高的表面电阻,一般为$10^{10}\sim10^{18}$ Ω,由于摩擦(或感应)产生的静电不能传递,积聚而造成上述各种现象。塑料在广泛使用过程中就存在着静电的危害。为了防止静电的危害,首先是要防止,一旦发生,就要迅速消除。前者常添加防静电剂,后者可使用静电消除器。在塑料加工常常两种方式并用。

1.防静电剂

要改变塑料表面状态,不仅可以进行外部处理,而且也可以采用内部添加的方式。添加于塑料中或涂敷于塑料制品表面,能降低其低体积电阻和表面电阻,适度增加导电性,从而防止制品上积累静电荷的物质称为防静电剂,也称抗静电剂或静电消除剂。

防静电剂绝大多数是表面活性剂,添加于塑料中能湿润塑料,涂敷于表面将表面覆盖。利用活性剂本身的导电作用,使静电荷泄漏。表面涂敷防静电剂会因长期的磨损、浸出、迁移和挥发等现象导致效果降低。若要求具有持久性的防静电,一般把防静电剂加到塑料内部中,即把防静电剂与树脂混炼在一起作为塑料原材料使用。

防静电剂的品种很多,按分子结构可分为阳离子型、阴离子型、非离子型、两性离子型、高分子型和无机型表面活性剂。

下面介绍几种商品牌号的防静电剂:Drewplast 017 和 Drewplast 032 防静电剂,热稳定性、透明性良好,除了具有防静电效能外,还具有滑爽性,可作为 PE、PP、软质 PVC 的抗表电剂,无毒,所以美国食品和药物管理局许可其用于制作食品包装材料。可作为食品包装材料的防静电剂还有 Drewplas051,Atmos 150,Armostat 310,410,375,475 四个品种,Antistatic agent273C 和 273E,Lubrol PEX,Lubrol Px 三个产品,Nopcostate HS,Lankro－stat LDB,LDB 两个品种等。

2. 静电消除器

静电消除器通常由高压发生器和尖端放电器两部分组成。

为保证安全,在塑料薄膜印刷车间是要安装上静电消除器。所产生的静电可通过尖端放电消除。除此之外,所有设备都必须接地。必要时可装上增湿器,以提高空气湿度。

(二)火焰处理

对具有非活性表面的塑料,如 PE、PP 等成型容器,尤其是吹塑的空心容器(瓶子)、喷射器、集装袋等,为了提高表面的着墨性能,可采用火焰处理。火焰处理可使用各种热源,通常向煤气喷灯送入充足的空气产生 1000℃～2800℃ 的氧化焰,使氧化焰瞬间吹过塑料表面,氧化生成梭基、过氧化物等极性基。这些极性基团与油墨生成强的亲和力,使印刷牢固。

火焰处理质量可用下列方法检查:

将经过处理而未印刷的表面浸入清洁的冷水或 3∶1 的乙醇和水组成的溶液中,若水膜能保持 30s,则认为处理得当。用染料如纯色淀蓝的硝基乙烷溶液(4g/1)涂刷,若润湿的表面不形成液滴,则为合格。

对于已印刷的制品,可用下列方法检验其勃附性:胶黏带试验,将压敏胶黏带贴在已印刷的表面上,然后将胶黏带剥离,评定印墨脱落量。印墨脱落为 1%~10%,可认为合格,洗涤剂试验,已印刷的瓶子在洗涤剂中浸泡 24h,然后,将试样在流水中冲洗,以除去洗涤剂,最后用于尼龙刷擦 12 次,印墨脱落量>1%,则认为不合格。若在用水冲洗时有印墨脱落,则应重新进行表面处理。另外,已印刷的瓶子,用浸过洗涤剂的布擦 20 次,若有印墨脱落,即表面处理不良。

当然,所有这些试验,只有在所用油墨配方适合于承印材料时,才是有意义的。

(三)电晕法

电晕法,也称电火花法,是利用高频高压源,两电极板间产生一种具有电晕放电的现象,利用这种方法对塑料薄膜进行表面处理。通过放电,使两极间的氧气电离,产生臭氧,促使塑料表面氧化而增加其极性,同时,电火花又会使材料表面产生大量微细的孔穴,从而加大其表面活性及机械连接性能,有利于豁接和印刷。

可以用电晕法处理的薄膜有 PE、PP、PVC、氟塑料,及其各种相应的共聚物。

电晕法处理设备,主要是电源和电极两个部分。目前,国内普遍采用的电源有晶体管高频电源(俗称晶体管冲击机)和可控硅高频压电源(亦称可控硅高频发生器),前者用于小规格薄膜的表面处理,后者用于大规格薄膜的表面处理。电极可以做成各种形状,但基本形式有两种,一种是一对刀电极,另一种是一只辊筒作电极,再配一只刀电极。电极材料可以是不锈钢、铝、黄铜或其他可以导电的材料。

在工艺处理中应该重点考虑的电压值、频率值以及电极间隙值的调整。电压和被处理塑料材料的厚度有关,材料越厚,电压应越高,一般可以在(2～100)kV 的范围内调整,但薄膜常用的电压为(10～30)kV。升高频率对处理效果是有利的,一般可以在(2～20)kHz 的范围内调整。处理效果也与输出波形有关,实践证明,方形波的处理效果并不好,而脉冲波的效果才是理想的。

电极间的距离,可为 1～6mm,当能量密度为 0.06J/cm² 时,处理速度可以在 60～150m/min。

实践证明,趁热处理效果较好,所以,处理电应紧接在生产薄膜的定型设备后面。塑料薄膜电晕处理的质量,可以用润湿张力试验法进行检查。

二、挤出成型

挤出成型是在挤出机中,通过加热、加压而使物料以流动状态连续通过具有一定形状的口模而成型塑料制品的一种加工方法。挤出成型在塑料加工领域占很大比例,全世界大约超过 60% 的塑料制品是经由挤出成型加工生产的。几乎所有的热塑性塑料可以用挤出成型加工,近年来随着挤出成型设备的发展,挤出成型也用于部分热固性塑料的加工。挤出成型的特点是制成的产品都是横截面一定的连续材料。

适用于挤出成型的热塑性塑料的品种有很多,挤出制品的形状和尺寸也各不相同,挤出不同制品的操作方法也各不相同,但挤出成型的工艺流程则大致相同。

各种制品挤出的工艺流程大体相同,一般包括原料的预处理和混合、挤出成型、挤出物的定型和冷却、制品的牵引和卷取(或切割),有些制品还需进行后处理等。

(1)原料的预处理和混合。用于挤出成型的热塑性塑料一般为粒料或粉料,由于原料中可能含有水分,将会影响挤出成型的正常进行,同时影响制品的质量和外观,例如表面出现流痕,晦暗无光,内部包含气泡,力学性能下降,等等。因此,挤出前要对原料进行预热和干燥。不同种类的塑料允许的含水量不同,通常应控制原料的含水量低于 0.5%。

(2)挤出成型。首先将挤出机加热到预定的温度，然后开动螺杆，同时加料。初期挤出物料的质量和外观较差，应根据塑料的挤出工艺性能和挤出机头口模的结构特点等调整挤出机料筒各加热段和机头口模的温度、螺杆的转速等工艺参数，以控制料筒内物料的温度和压力分布。挤出过程的工艺条件对物料的塑化情况影响较大，进而影响挤出制品的外观和质量。

挤出机中影响塑化效果的主要因素是温度和剪切作用。物料的温度主要来自料筒的外部加热、螺杆对物料的剪切作用、物料之间以及物料和料筒壁间的摩擦生热。当进入正常操作后，剪切和摩擦产生的热量甚至变得更为重要。

温度升高，物料黏度降低，有利于塑化，同时熔体的压力降低，挤出成型出料快。但如果挤出温度过高，易造成物料降解，挤出物的形状稳定性变差，制品收缩增大，甚至引起制品发黄、出现气泡，成型不能顺利进行。温度降低，物料黏度增大，机头和口模压力增加，制品密度大，挤出物的形状稳定性好，但出模膨胀较严重，可以适当增大牵引速度以减少因膨胀而引起的制品壁厚增加。但是温度也不能太低，否则塑化效果差，且熔体密度太大也会增加功率消耗。口模和型芯的温度应该一致，若相差较大，则制品会出现向内或向外翻扭等现象。

大多数塑料属于假塑性流体，熔体黏度随剪切作用的增加而降低。增大螺杆的转速可增加螺杆对物料的剪切作用，从而有利于塑料的混合和塑化。

(3)定型与冷却。热塑性塑料挤出物离开机头、口模后仍处在高温熔融状态，具有很大的塑性变形能力，必须立即进行定型和冷却，否则制品在自身重力的作用下就会变形，出现凹陷或扭曲等现象。

不同的制品有不同的定型方法，大多数情况下，定型和冷却是同时进行的，只有在挤出管材和各种异型材时才有独立的定型装置。挤出板材和片材时，挤出物通过一对压辊，也是起定型和冷却作用的,而挤出薄膜、单丝等则不必定型,仅通过冷却便可以了。未经定型的挤出物必须用冷却装置使其及时降温,以固定挤出物的形状和尺寸,已定型的挤出物由于在定型装置中的冷却作用并不充分,仍必须用冷却装置,使其进一步冷却。

冷却一般采用空气或水冷。冷却速率对制品性能有较大影响,对软质或结晶性塑料要及时冷却,以免制品变形,而对硬质制品则不能冷却得太快,否则影响制品外观,且造成内应力。

(4)牵引和卷取(或切割)。挤出成型生产的是具有恒定断面形状的连续制品,制品不断挤出,如不引开,会造成堵塞,使生产不能顺利进行。此外,热塑性塑料挤出口模后,由于有热收缩和离模膨胀双重效应,使挤出物的截面与口模的断面形状尺寸并不一致。因此在挤出热塑性塑料时,要连续而均匀地将挤出物牵引开,其目的一是帮助挤出物及时离开口模,保持挤出过程的连续性;二是调整挤出型材截面尺寸和性能。

牵引的速度要与挤出速度相配合,通常牵引速度略大于挤出速度,这样一方面可消除离模膨胀引起的制品尺寸变化,另一方面对制品有一定的拉伸作用,可使制品适度进行大分子取向,从而使制品在牵引方向的强度得到提高。不同制品的牵引速度是不同的,通常挤出薄膜和单丝需要较快的速度,牵伸度较大,使制品的厚度和直径减小,纵向断裂强度提高。挤出硬制品的牵引速度则小很多,通常是根据制品离口模不远处的尺寸来确定牵伸度的。

牵引后的制品根据要求进行卷取或切割,一般软质型材可进行卷绕,硬质型材从牵引装置送出达到一定长度后切断。

(5)后处理。有些制品挤出成型后还需进行后处理,以提高制品的性能。后处理主要包括热处理和调湿处理,在挤出较大截面尺寸的制品时,常因挤出物内外冷却速率相差较大而使制品内有较大的内应力,挤出制品成型后应在高于制品的使用温度10℃~20℃或低于塑料的热变形温度10℃~20℃的条件下保持一定时间后,进行热处理以消除内应力。有些吸湿性较强的挤出制品,如聚酰胺,在空气中使用或存放过程中会吸湿而膨胀,但是这种吸湿膨胀过程需很长时间才能达到平衡,为了加速这类塑料挤出制品的吸湿平衡,常需在成型后浸入含水介质加热进行调湿处理,同时还可进行热处理,这对改善这类制品的性能是十分有利的。

三、注射成型

注射成型又称注射模塑,是高分子材料成型加工中的一种重要方法。注塑制品占塑料制品总量的20%～30%,几乎所有的热塑性塑料及多种热固性塑料可用此法成型。

注射成型的特点是成型周期短,生产效率高,能一次成型外形复杂、尺寸精确、带有嵌件的制品,制品种类繁多,易于实现全自动化生产,因此应用十分广泛。目前注射成型技术主要朝着高速化和自动化的方向发展。

注塑成型是通过注射机来实现的。注射机的类型和规格有很多。注射机的基本作用,一是加热塑料,使其达到熔化状态;二是对熔融塑料施加高压,使其射出充满模具型腔。为了更好地完成这两个基本作用,注射机的结构已经历了不断改进和发展,目前多使用移动螺杆式注射机。

移动螺杆式注射机的一个完整的注射成型过程包括成型前的准备、注射过程和制品的后处理三个阶段。

(一)成型前的准备

(1)成型前对原料的预处理。根据各种塑料的特性及供料状况,一般在成型前应对原料外观(色泽、粒子大小及均匀性等)和工艺性能(熔体流动速率、流动性、热性能及收缩率等)进行检验。

如果是粉料,有时还需预先造粒。如果是粒料,对于吸湿的塑料,需要进行预热和干燥。如聚碳酸酯、聚酰胺、聚砜和聚甲基丙烯酸甲酯等树脂的大分子上含有亲水性基团,容易吸湿,致使含有不同程度的水分。如果这种水分高过规定量时,会使产品表面出现银丝、斑纹和气泡等缺陷或引起高分子物在注射时产生降解,严重地影响制品的外观和内在质量,使各项性能指标显著降低。对于不吸湿的塑料,如聚苯乙烯、聚乙烯、聚丙烯和聚甲醛塑料等,如果储存运输良好,包装严密,一般可不进行预干燥。

小批量生产用塑料,大多采用热风循环烘箱或红外线加热烘箱进行干燥。高温下受热时间长容易氧化变色的塑料(如聚酰胺),宜采用真空烘箱干燥。大批量生产用塑料,宜采用沸腾干燥或气流干燥,干燥效率较高又能连续化。

在常压时,干燥温度选在100℃以上。如果塑料的玻璃化温度不及100℃,则干燥温度应控制在玻璃化温度以下。延长干燥时间有利于提高干燥效果,但是对每种塑料在干燥温度下有一最佳干燥时间。同时,应重视已干燥塑料的防潮。

(2)料筒的清洗。在生产中,需要改变产品、更换原料、调换颜色或发现塑料中分解现象时,都需要对注射机(主要是料筒)进行清洗或拆换。

螺杆式注射机通常是直接换料清洗。为节省时间和原料,换料清洗应采取正确的操作步骤,掌握塑料的热稳定性、成型温度范围和各种塑料之间的相容性等资料。如果欲换塑料的成型温度远比料筒内存留塑料的温度高时,应先将料筒和喷嘴温度升高到欲换塑料的最低加工温度,然后加入欲换料并连续进行对空注射,直至全部存料清洗完毕时才调整温度进行正常生产。如果欲换塑料的成型温度远比料筒内塑料的温度低时,应将料筒和喷嘴温度升高到料筒内塑料的最佳流动温度后,切断电源,用欲换料在降温下进行清洗。如果欲换料的成型温度高,熔融黏度大,而料筒内的存留料又是热敏性的,如聚氯乙烯、聚甲醛或聚三氟氯乙烯等,为了预防塑料分解,应选用流动性好,热稳定性高的聚苯乙烯或低密度聚乙烯塑料做过渡换料。

(3)嵌件的预热。塑料制件内常需要嵌入金属制的嵌件。注射前,金属嵌件应先放进模具内的预定位置,成型后使其与塑料成为一个整体件。由于金属嵌件与塑料的热性能和收缩率差别较大,有嵌件的塑料制品,在嵌件的周围容易出现裂纹或导致制品强度下降。因此,在设计制作时加大嵌件周围的壁厚,并在成型中对金属嵌件进行预热。预热后,减少熔料与嵌件的温度差,成型中可使嵌件周围的熔料冷却较慢,收缩比较均匀,发生一定的热料补缩作用,防止嵌件周围产生过大的内应力。

嵌件的预热需视加工塑料的性质和金属嵌件的大小而定。对具有刚性分子链的塑料,如聚碳酸酯、聚砜和聚苯醚等,制件在成型中容易产生应力开裂,金属嵌件一般应进行预热。对容易被塑料熔体在模内加热的小型嵌件,可不必进行预热。

(4)脱模剂的选用。脱模剂是使塑料制件容易从模具中脱出而敷在模具表面上的一种助剂。一般注射制件的脱模,主要依赖于合理的工艺条件与正确的模具设计。

采用脱模剂,可使制件顺利脱模。硬脂酸锌是常用的脱模剂,除聚酰胺塑料外,一般塑料均可使用。液体石蜡(又称白油),适合作为聚酰胺类塑料的脱模剂,除起润滑作用外,还有防止制件内部产生空隙的作用。使用脱模剂应适量。

(二)注射过程

注射过程包括加料、塑化、注射充模、保压、冷却固化和脱模等几个工序。

(1)合模与锁紧。注射成型的周期一般以合模为起点。合模过程中,动模板的移动速度是变化的。首先,模具以低压力快速进行闭合,即低压保护阶段。当动模与定模快要接近时,动力系统自动切换成低压低速,以免模具内有异物或模内嵌件松动。最后,切换成高压,锁紧模具。

(2)注射装置前移。当合模机构闭合锁紧后,注射装置整体前移,使喷嘴和模具浇口贴合。

(3)注射。当喷嘴与模具完全贴合后,注射油缸开始工作,推动注射螺杆前移,以高速高压将料筒前部的熔体注入模腔,并将模腔中的气体从模具分型面驱赶出去。

(4)保压。熔体注入模腔后,模具的低温冷却作用,使模腔内的熔体产生收缩。为了保证注射制品的致密性、尺寸精度和强度,必须使注射系统对模具施加一定的压力,对模腔塑件进行补充,直到浇注系统的塑料冻结为止。

(5)制品的冷却和预塑化。当模具浇注系统内的熔体冻结到其失去从浇口回流时,即浇口封闭时,就可卸去保压压力,使制品在模内充分冷却定型。

为了缩短成型周期,在冷却的同时,螺杆传动装置开始工作,带动螺杆转动,使料斗内的物料经螺杆向前输送,在料筒的外加热和螺杆剪切作用下使其熔融塑化。物料由螺杆送到料筒前端,并产生一定压力,在此压力作用下螺杆在旋转的同时向后移动。当后移到一定距离,料筒前端的熔体达到下次注射量时,螺杆停止转动和后移,准备下一次注射。制品冷却与螺杆预塑化是同时进行的。

(6)注射装置退回和开模顶出制品。注射装置退回的目的是,避免喷嘴与冷模长时间接触造成喷嘴内料温过低而影响注射。此操作进行与否是根据所注射的塑料工艺性能和模具结构而定。如果是热流道模具,注射装置一般不退回。模腔内的制品冷却定型后,合模装置即开启模具,并自动顶落制品。

(三)制件的后处理

注射制件经脱模或机械加工后,常需要进行适当的后处理,改善和提高制件的性能及尺寸稳定性。制件的后处理包括退火、调湿处理和二次加工等。

(1)退火处理。由于物料在料筒内塑化不均匀或在模腔内冷却速度不同,常会产生不均的结晶、定向和收缩,使制品存有内应力,这在生产厚壁或带有金属嵌件的制品时更为突出。存在内应力的制件在储存和使用中常会发生力学性能下降、光学性能变差、表面有银纹、甚至变形开裂等问题。解决这些问题的方法是对制件进行退火处理。

退火处理可使制品在塑料的玻璃化温度和软化温度之间的某一温度附近加热一段时间,然后自然冷却到室温。退火处理的作用:①使强迫冻结的分子链得到松弛,凝固的大分子链段转向无规位置,消除这一部分的内应力;②提高结晶度,稳定结晶结构,提高结晶塑料制品的弹性模量和硬度,降低断裂伸长率。加热介质可以用热水、热油、热甘油、热乙二醇和热液体石蜡等液体或热空气。退火处理的温度应控制在制品使用温度以上10℃~20℃,或低于塑料的热变形温度10℃~20℃。温度过高会使制品发生翘曲或变形,温度过低又达不到目的。退火处理的时间决定于塑料品种、加热介质的温度、制品的形状和模塑条件。所用塑料的分子链刚性较大,壁厚较大,带有金属嵌件,使用温度范围较宽,尺寸精度要求较高和内应力较大又不易自消的制件,均需进行退火处理。退火处理时间到达后,制品应缓慢冷却至室温。冷却太快,有可能重新引起内应力。

(2)调湿处理。聚酰胺类塑料制件在高温下与空气接触时常会氧化变色。在空气中使用或存放时又易吸收水分而膨胀,需要经过长时间后才能得到稳定的尺寸。因此,如果将刚脱模的制品放在热水中进行处理,不仅可隔绝空气进行防止氧化的退火,同时还可加快达到吸湿平衡,以免在制品使用过程中发生较大的尺寸变化,这就是调湿处理。适量的水分能对聚酰胺起着类似增塑剂的作用,改善制件的柔曲性和韧性,使冲击强度和拉伸强度均有所提高。调湿处理的时间随聚酰胺塑料的品种、制件形状、厚度及结晶度大小而异。

(3)二次加工。注射成型后对某些制品必须进行适当的小修整或装配等,以满足制品表观质量。

四、中空吹塑

中空吹塑(又称为吹塑模塑)是制造空心塑料制品的成型方

法。它已成为塑料成型方法之一,并在吹塑模塑方法和成型机械的种类方面有了很大的发展。

中空吹塑是借助气体压力使闭合在模具中的热熔塑料型坯吹胀形成空心制品的工艺。根据型坯的生产特征分为挤出型坯和注射型坯两种。

挤出型坯是先挤出管状型坯进入开启的两瓣模具之间,当型坯达到预定的长度后,闭合模具,切断型坯,封闭型坯的上端及底部,同时向管坯中心或插入型坯壁的枕头通入压缩空气,吹胀型坯使其紧贴模腔壁经冷却后开模脱出制品。

挤出吹塑工艺过程包括:(1)挤出型坯;(2)型坯达到预定长度时,夹住型坯定位后合模;(3)型坯的头部成型或定径;(4)压缩空气导入型坯进行吹胀,使之紧贴模具型腔形成制品;(4)制品在模具内冷却定型;(5)开模脱出制品,对制品进行修边、整饰。

挤出型坯有间歇挤出和连续挤出两种方式。脱模是在机头下方进行。由于间歇挤出物料流动中断,易发生过热分解,挤出机不能充分发挥。连续挤出型坯,型坯的成型和前一型坯的吹胀、冷却、脱模都是同步进行的。连续挤出型坯有往复式、轮换出料式和转盘式三种。

注射型坯是以注塑法在模具内注塑成有底的型坯,然后开模将型坯移至吹塑模内进行吹胀成型,冷却后开模脱出制品。

注射吹塑是生产中空塑料容器的两步成型方法。工序包括:注射机在高压下将熔融塑料注入型坯模具内形成管状形坯,开模后型坯留在芯模(又称芯棒)上,通过机械装置将热型坯置于吹塑模具内,合模后由芯模通道引入 $0.2 \sim 0.7$ MPa 的压缩空气,使型坯吹胀达到吹塑模腔的形状,并在空气压力下进行冷却定型,脱模后得到制品。

注射吹塑适宜生产批量大的小型精制容器和广口容器。一般能生产的最大容积量不超过 4L。注射吹塑的中空容器,主要用于化妆品、日用品、医药和食品的包装。常用的树脂有 PP、PE、PS、PVC、PC 等。

此外，还有拉伸吹塑。拉伸吹塑是指经双轴定向拉伸的一种吹塑成型，是在普通的挤出吹塑和注射吹塑的基础上发展起来的。首先通过挤出法或注射法制成型坯，然后将型坯处理到塑料适宜的拉伸温度，经内部（用拉伸芯棒）或外部（用拉伸夹具）的机械力作用而进行纵向拉伸，同时或稍后经压缩空气吹胀进行横向拉伸，最后获得制品。

拉伸的目的是改善塑料的物理力学性能。对于非结晶型的热塑性塑料，拉伸是在热弹性范围内进行的。对于部分结晶的热塑性塑料，拉伸过程是在低于结晶熔点较小的温度范围内进行的。

在拉伸过程中，要保持一定的拉伸速度，作用是在进行吹塑之前，使塑料的大分子链拉伸定向而不至于松弛。同时，还需要考虑到晶体的晶核生成速率及结晶的成长速率。当晶体尚未形成时，即使达到了适宜的拉伸温度，对型坯拉伸也是毫无意义的，因此，在某种情况下，可加入成核剂来提高成核速度。

经轴向和径向的定向作用，拉伸吹塑容器具有优良的性能，制品的透明性、冲击强度、硬度和刚性、表面光泽度及阻隔性都有明显提高。

五、压延成型

压延成型，是将加热塑化的热塑性塑料通过一系列加热的压辊，连续成型为薄膜或片材的一种成型方法。压延成型所采用的原材料主要是聚氯乙烯，其次是丙烯腈—丁二烯—苯乙烯共聚物、乙烯—乙酸乙烯酯共聚物和改性聚苯乙烯等塑料。

压延成型的生产特点是加工能力大，产品质量好，生产连续。压延产品的厚薄均匀，厚度公差可控制在10%以内，表面平整，若与轧花辊或印刷机械配套还可以直接得到各种花纹和图案。

目前压延成型以生产聚氯乙烯制品为主，所以这里将以聚氯乙烯为例来讨论。聚氯乙烯压延产品主要有软质薄膜和硬质片材两种。

(一)软质聚氯乙烯薄膜

各种组分的原料按配方要求配制成干混料,根据各种原料的性质按一定顺序投料,保证混合均匀。加热混合可在高速混合机中进行。冷却混合设备则为慢速搅拌,并带有通冷却水的夹套,使混合好的物料从100℃左右冷却到60℃以下,以防结块。

干混料的塑化程度和均匀性对压延制品的质量产生重要影响。双辊机和密炼机都是间性操作,混炼质量不稳定。前者还有效率低、劳动强度大和粉尘污染大的缺点。专用挤出机塑化效果虽好,能连续供料,但设备投资较高。输送混炼机混炼效果好,产量大,设备费用和电力消耗都少。该设备实际上是一种新型螺杆式混炼塑化装置,料斗带有柱塞。

供料方式分为连续供料方式和间歇式供料方式,目前以连续供料方式为主。连续加料装置通常在加料输送带的末端加一来回摆动装置,使加入的圆棒形或扁带形物料分配均匀。加料装置的安装位置也很重要。物料若经较长的距离传送,温度下降较多,与正常温度的物料相混合而形成的会使某些产品出现条纹。这些条纹是由部分冷料未补充加热造成的。如果加料装置距离压延机工作面不到2m,物料通常不需要补充加热,否则就要采取保温或加热措施。

送往压延机的坯料先经过金属检测器检测后,由引离辊承托而撤离压延机,并经进一步拉伸,再经冷却和测厚,薄膜即作为成品卷取。即由辊筒连续辊压成一定厚度的薄膜,然后使薄膜厚度减小。接着进行轧花处理,再经冷却和测厚,薄膜即作为成品卷取。

(二)硬质聚氯乙烯片材

硬质聚氯乙烯片材的生产工艺流程与生产软质聚氯乙烯薄膜大致相同,但生产透明片材时,对干混料的塑化要求十分严格,应特别注意避免物料分解而导致制品发黄。这就要求干混料能在短时间内达到塑化要求,应尽量缩短混炼时间和降低混炼温度。理想的混炼设备是专用双螺杆挤出机或行星式挤出机,它们可在130℃~140℃的温度下把干混料挤出成海参状物料,然后再经双辊机供料。

六、热成型

热成型是利用热塑性塑料的片材作为原料加工制品的一种方法,是塑料的二次成型。

首先将裁成一定尺寸和形状的片材夹在模具的框架上,加热到T_g~T_f之间的适宜温度,片材一边受热,一边延伸,然后凭借施加的压力,使其紧贴模具的型面,取得与型面相仿的型样,经冷却定型和修正后即得制品。

热成型时,施加的压力主要是靠抽真空和引进压缩空气在片材的两面所形成的压力差,也有借助于机械压力和液压力的。

热成型的特点是压力较低,对模具要求低,工艺较简单,生产率高,设备投资少,能制造面积较大的制品。但是,所用原料必须经过一次成型,成本较高,制品的后加工较多。

热成型的方法有以下几种。

(一)差压成型

差压成型是热成型中最简单的一种,也是最简单的真空成型。先用夹持框将片材夹紧在模具上并用加热器进行加热。当片材加热至足够温度时,移开加热器并且采用适当措施使片材两面具有不同的气压。这样,片材就会向下弯垂,与模具表面贴合。随之在充分冷却后,即用压缩空气自模具底部通过通气孔将成型的片材吹出,经过修整后即成为制品。

产生差压有两种方法。一是从模具底部抽空,称为真空成型。这是借助已预热片材的自密封能力,将其覆盖在阴模腔的顶面上形成密封空间,当密封空间被抽真空时,大气压即使预热片材延伸变形而取得制品的型样。二是压缩空气加压,这种方式是从片材顶部通入压缩空气而成型。已预热过的片材放在阴模顶面上,其上表面与盖板形成密闭的气室,向此气室内通入压缩空气后,高压高速气流产生的冲击式压力,使预热片材以很大的形变速率贴合到模腔壁上。取得所需的形状并冷却定型后,即自模底气孔通入压缩空气将制品吹出,经过修饰以后即为成品。

差压成型法所制得的制品的特点:(1)制品结构比较鲜明,精细部位是与模具面贴合的一面,光洁度也较高;(2)成型时,凡片材与模具面在贴合时间上越靠后的部位,其厚度越小;(3)制品表面光泽度高,不带任何瑕疵,材料原来的透明性在成型后不发生变化。

用于差压成型的模具通常都是单个阴模,也有不用模具的。不用模具时,片材就夹持在抽空柜(真空成型时用)或具有通气孔的平板上(加压成型时用),成型时,抽空或加压只进行到一定程度即可停止。这种方法主要形成碗状或拱顶状构型物件,制品特点是表面十分光洁。

(二)覆盖成型

覆盖成型主要用于制造厚壁和深度大的制品,成型过程基本上和真空成型相同。不同之处在于所用模具只有阳模。成型时借助于液压系统的推力,将阳模顶入由框架夹持且已加热的片材中,也有用机械力移动框架将片材扣覆在模具上,使模具下表面边缘处产生一种密封效应,当软化的塑料与模具表面间达到良好密封时,再抽真空使片材包覆于模具上而成型,经过冷却、脱模和修整即得到制品。

覆盖成型制品的特点是:(1)与模面贴合的一面表面质量较高,在结构上也比较鲜明和细致;(2)壁厚的最大的部分在模具的顶部,最薄的部分则在模具侧面与底面的交界区;(3)制品侧面上常会出现牵伸和冷却的条纹。这种条纹通常以接近模面顶部的侧面处最多。

(三)柱塞助压成型

差压成型的凹形制品底部偏薄,覆盖成型的凹形制品侧壁偏薄,为了克服这些缺陷,产生了柱塞助压成型方法。这种成型方法又分为柱塞助压真空成型和柱塞助压气压成型两种。

柱塞助压真空法是先用夹持框将片材压入模具型腔,然后借助真空抽吸把片材拉离柱塞,并贴覆于模具型腔内壁。柱塞助压气压法的过程与真空法相似,只是当柱塞将片材压入模具型腔后,随即通入压缩空气将片材吹制成型。

柱塞压入片材的速度在条件允许的情况下,越快越好。当片材一经真空抽吸或压缩空气吹压,柱塞立即抽回。成型的片材经过冷却、脱模和修整后即成为制品。

为了得到厚度更加均匀的制品,还可在柱塞下降之前,从模底送进压缩空气使热软的片材预先吹塑成上凸适度的泡状物,然后柱塞压下,通过真空抽吸或空气压缩使片材紧贴模具型腔而成型。

(四)回吸成型

常用的回吸成型有真空回吸成型、气胀真空回吸成型和推气真空回吸成型等。

真空回吸成型最初的几步,如片材夹持、加热和真空吸进等都与真空成型相似。当加热的片材已被吸进模内而达到预定的深度时,将模具从上部向已弯曲的片材中伸进,直至模具边沿完全将片材封死在抽空区上为止。然后打开抽空区底部的气门并从模具顶部进行抽空。这样,片材就被回吸,与模面贴合,然后冷却、脱模和修整后即成为制品。

气胀真空回吸成型,使片材弯曲的方法不是用抽空而是靠压缩空气从箱底引入,使加热后的片材上凸成泡状物,达到规定高度后,用柱模将上凸的片状物逐渐压入箱内。在柱模向压箱伸进的过程中,压箱内维持适当气压,利用片材下部气压的反压作用使片材紧紧包住柱模,当柱模伸至箱内适当部位,使得模具边缘顶部完全将片材封死在抽空区时,打开柱模顶部的抽气门进行抽空。这样片材就被回吸,与模面贴合,即完成成型,在冷却、脱模和修整后即成为制品。

推气真空回吸成型,片材预热成泡状物不是用抽空和气压,而是靠边缘与抽空区作气密封紧的模具上升。模具升至顶部适当位置时,即停止上升。随之就从其底部进行抽空,使片材贴合在模面上,经冷却、脱模和修整后即成为制品。

回吸成型可制得壁厚均匀、结构较复杂的制品。

(五)对模成型

采用两个彼此配对的单模来成型。成型时,首先将片材用框架夹持于两模之间,并用可移动的加热器对片材进行加热,当片材加热到一定温度时,移去加热器并将两个单模合拢。在合拢的过程中,片材与模具之间的空气由设置在模具上的气孔向外排出。成型后,经冷却、脱模和修整后即得制品。

对模成型可制得复制性和尺寸准确性好、结构复杂的制品,厚度分布在很大程度上依赖制品的样式。

(六)双片热成型

将两片相隔一定距离的塑料片加热到一定温度,放入上下模具的模框上并将其夹紧,一根吹针插入两片材之间,将压缩空气从吹针引入两片材之间的中空区,同时在两闭合模具壁中的真空,使片材贴合于两闭合模的内腔,经冷却、脱模和修整后即得中空制品。

第四节　塑料包装材料的应用

一、塑料在包装材料中的应用类型

(一)塑料薄膜

一般将厚度在 0.25mm 以下的片状塑料称为薄膜,而厚度在 0.25mm 以上的称为片材。塑料薄膜是使用最早、用量最大的塑料包装材料。塑料薄膜一般具有透明、柔韧,良好的耐水性、防潮性和阻气性,机械强度较好,化学性质稳定,耐油脂,可以热封制袋等优点,能满足多种物品的包装要求。

(二)塑料包装容器

在现代包装工业中,塑料包装容器以其质轻、透明、不易破碎、耐腐蚀性、易于成型加工、生产耗能低等优异性能,在化工产品、食品、饮料、化妆品、医药品等包装中得到了广泛的应用,在许多方面以取代或部分取代了木制容器、金属容器、玻璃容器、陶瓷容器等。

(三)塑料泡沫

泡沫塑料是内部含有大量微孔结构的塑料制品,又称多孔性塑料。它是以树脂为主体、加入发泡剂等其他助剂经发泡成型制得的。泡沫塑料是目前产品缓冲包装中使用的主要缓冲材料。

(四)塑料捆扎材料

塑料捆扎材料,包括各种牵伸带、打包带和绳。牵伸带是挤出薄膜经牵伸后的窄带,根据窄带的宽度与厚度不同可做编织带、打包带和绳。厚0.04～0.07mm、宽1.5～2mm的牵伸带编织成袋,是极好的重包装材料。打包带是极厚的牵伸带,可代替纸带、钢带、草绳打包。打包带宽10～16mm,厚0.3～0.8mm。制绳的牵伸带即为扁丝,比较薄,为0.02～0.04mm。这些捆扎材料以塑料味原料,故它具有不腐蚀、不腐烂、清洁卫生、强度高,耐酸、碱,不怕雨淋等特点。

二、塑料包装材料的应用实例

(一)"In-Kind"品牌自然个人护理产品设计

设计师Pearl Fisher为"In-Kind"自然个人护理产品设计了全新的包装造型。全新的包装造型外观营造了一种独特的视觉语言——有机的曲线瓶型柔软而富有神秘感,淡雅的色彩搭配给我们带来亲近自然的乐趣,包装材料使用的是可循环利用的聚丙烯材料。Pearl Fisher强调说:"设计任务在于创建一个舒适、天然的品牌形象以挑

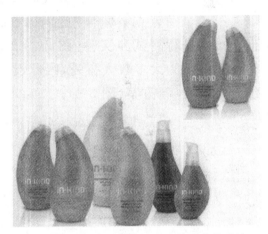

图3-1 "In-Kind"品牌自然个人护理产品设计

战以往个人护理产品品牌在消费者心中形成的思维定式。"设计经营范围在于设计战略,品牌识别,结构设计和视觉语言的把握。在"In-Kind"自然个人护理产品设计中,设计师Pearl Fisher设计创意独特而新颖,包装外观结构设计采取柔软的有机曲线,包装材料使用可循环使用的聚丙烯材料,环保意识非常强烈(图3-1)。

(二)芬达塑料容器设计

设计公司在刚接到芬达汽水包装设计项目时,设计师们根据品牌的特征创造了不同的包装设计,其中尝试沙漏形状的瓶型,很容易握在手中,又有一定的触感,侧面呈现了饮料在饮用时的咝咝声和气泡的感觉。这种设计以"飞溅"命名(图3-2)。

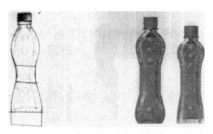

图3-2 "飞溅"类似沙漏形状的包装

第二个设计方案叫作"旋涡",在设计中有各种各样的旋涡,但很难去进行测试和实验(图3-3)。设计师经过分析后,得出这个方案并不为大多数人喜爱,因此设计师们将"旋涡"与"飞溅"相结合,设计出新方案(图3-4)。

图3-3 "旋涡"形的设计方案

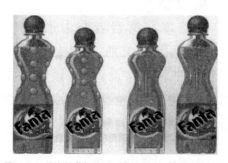

图3-4 "旋涡"与"飞溅"相结合的设计方案

随后,又经过对方案的不断论证和修改,确定了最好的设计方案(图 3-5、图 3-6)。

图 3-5　瓶颈加入不同气泡造型的设计方案

图 3-6　最终确定,用于批量生产的方案

(三)"Lanjaron"纯净水塑料容器设计

在"Lanjaron"纯净水(Lanjaron Water)包装设计中,设计师在透明饮料塑料瓶底部位加入了冰山结构的设计,这既是纯净水冰凉可口的商品品质生动的宣传广告,独特的瓶底结构设计又为"Lanjaron"纯净水瓶型结构再增添了亮点,不可不称赞设计师创意的独特与巧妙,如图 3-7 所示。

图 3-7　"Lanjaron"品牌纯净水包装设计

第四章　金属包装材料的加工与应用

金属也是一种传统的包装材料,早在春秋战国时期,就采用青铜器制作各种容器盛装食物和酒等;到南北朝时期,有了用银制作酒类包装容器的记载。由于金属的优良特性和便于加工制造、工业化生产的特点,金属包装发展迅猛,以钢和铝合金为主要材料被广泛地运用于销售包装和运输包装。本章就金属包装材料的特性、分类,纸包装材料的加工技术以及纸包装材料的实际应用展开详细论述。

第一节　金属包装材料的特性

金属类材料具有质地坚硬、外观富有光泽、反光等特性。包装所用的金属材料主要有钢材和铝材。其形式为薄板和金属箔,薄板为刚性材料,金属箔为柔性材料。它们作为包装用材,有独特的优良特性。

(1)金属具有很好的物理性能,它非常牢固、强度高、不易破损、不透气,能防潮、防光,能有效地保护内容物,用于食品包装能达到长期保存的效果,便于贮存、携带、运输、装卸,常用于午餐肉、沙丁鱼罐头等包装。

(2)金属具有良好的延伸性,容易加工成型,制造工艺成熟,能连续自动生产,给钢板镀上锌、锡、铬等,能有效地提高抗锈能力。

(3)金属表面具有特殊的光泽,能增加包装的外观美感,加上印铁工艺的发展,使得金属包装的视觉设计更显华丽、美观、时尚。

(4)金属具有较好的再生性,用过后的金属罐、盒等易于回收再利用,符合环保需求。

金属材料在包装的运用中也有不足,如应用成本高,能量消耗大,流通中易产生变形,化学稳定性差,易锈蚀等。

总之,金属这一朴实的材料给我们带来许多的惊喜,它不断改变着我们的生活环境,提升了我们的生活质量,同时也散发着迷人的气质,赋予我们以新的灵感。如由薄钢片制成的眼镜盒包装,既实用而结实,又具有时尚感和很强的视觉美感。

第二节 金属包装材料的分类

金属包装材料分为钢材和铝材两大类。而每一类又包含若干品种,各有自己的适用范围。

一、包装用钢铁材料

(一)低碳薄钢板

1. 低碳薄钢板的性能

根据包装工业的特点,金属包装材料大多制成箱、桶、罐类等包装容器,其生产制作过程是将薄板经冲压、成型或拉拔、成型,这就要求包装材料具有一定的强度和足够的塑性和韧性,也就是要求钢中的组织大多数为铁素体。因此,包装用的钢材主要是含碳量低于 0.25% 的低碳薄钢板,它是采用平炉或转炉生产的镀锌用原板或酸洗薄钢板。低碳薄钢板的厚度在 0.25~2mm 之间,共有 23 个不同厚度,其厚度及厚度允许偏差。

低碳薄钢板机械强度高,加工性能良好,具有优良的综合防护性能,遮光性强,导热率高、耐热性和耐寒性优良,易于印刷装饰,是制作运输包装金属容器和金属罐的主要材料。

2.低碳薄钢板的用途

低碳薄钢板的用途主要有制作运输包装用金属容器和钢质金属罐基材。

(1)运输包装用金属容器

低碳薄钢板制成的金属容器强度高、密封性好、载重量大,能长期反复使用,十分适用于运输包装。在运输包装中低碳薄钢板主要制成各种大型容器,如集装箱、钢桶、钢箱、钢托盘等。

①集装箱

集装箱是大型密封的包装箱,具有 $1m^3$ 以上容积的容器。各种物品采用集装箱做运输包装,具有安全、简便、迅速、节省人力和包装材料的优点,并适用于各种运输工具的联运和机械化装卸,是一种先进的运输方式。能显著减少货损,对贵重、易碎、怕潮的高档商品尤为重要。集装箱在途中转运时,可不动箱内货物,直接进行换装,并能进行快速装卸。

②钢箱

钢箱是一种小型的运输包装容器,用于代替木质周转箱,适用于工业产品的运输包装。钢箱坚固耐用,商品破损率小,可节约大量木材和运输包装费用,减少损失。现已大量用于自行车、玻璃、机电产品、汽车配件等产品的包装运输。

③钢桶

钢桶主要用于液体货物的运输和贮存,例如,蜂蜜、食用油及化工产品(农药、溶剂)等。用于装贮食品如蜂蜜等的钢桶,其内壁必须涂刷有机涂料(如环氧树脂609)以防生锈及溶出重金属离子铅、铁、锌等污染食品,并延长钢桶的使用寿命。近年来还出现了一种新型液体产品贮运容器——铁塑桶。它是由外层为钢桶和内胆为塑料装配而成,此种铁塑桶特别适合于不能用钢桶贮运周转的腐蚀性较强的化学试剂、药品或液体食品,如酱油、醋、饮料等。

(2)钢质金属罐基材

钢质罐材均系以低碳薄钢板为基材,再经表面防锈镀层处理而成的板材。钢质金属罐基材主要有镀锡薄钢板(俗称"马口铁")、镀锌薄钢板、镀铬薄钢板等。

(二)镀锌薄钢板

镀锌薄钢板又叫"白铁皮",是在酸洗薄钢板后,经过热浸镀锌处理,使钢板表面镀上厚度为 0.02mm 以上的锌保护层。因为锌的电极电位比铁低,化学性质比较活泼,在空气中能很快生成一层氧化锌薄膜,这层氧化锌薄膜非常致密,保护了里面锌和钢板不受腐蚀,即使擦破了镀锌层,由于锌先发生氧化而保护了铁,这样大大提高了钢板的耐腐蚀性能。用镀锌板制成容器后,就不必再进行表面防腐处理,因此镀锌薄钢板广泛用来制作金属包装容器,特别是镀锌板所制的容器,强度高、密封性能好,是工业产品包装中应用较多的一种包装材料。

镀锌薄钢板是制罐材料之一,它主要用于制作工业产品包装容器;还可用于制作汽车润滑油、油漆、化学品、洗涤剂等方面的金属罐。

(三)镀锡薄钢板及镀铬薄钢板

镀锡薄钢板简称镀锡板,俗称"马口铁",是两面镀有纯锡的低碳薄钢板。马口铁是传统的制罐材料,至今仍是制作食品罐的主要罐材。马口铁有光亮的外观,良好的耐蚀性和制罐工艺性能,易于焊接,适于涂敷涂料和印刷。但其冲拔性能比不上铝板,因此大多数制成以焊接和卷封工艺成型的三片罐结构,也可以做成冲拔罐。马口铁除大量用于罐头工业外,还用来制作糖果、饼干、茶叶、奶粉等听盒,也用于某些工业产品如化学产品、化妆品等的罐装和盒装。此外还是玻璃瓶罐的良好制盖材料。

马口铁的镀锡多采用酸性电镀工艺,也可采用热浸镀锡工艺。钢板经电镀锡后表面呈银白色,这种锡镀层厚度约为 $0.4\sim 2.0\mu m$,在技术上一般以单位面积的镀锡量来表示($9/m^2$)。马口铁电镀后的镀锡层孔隙很多,抗蚀性能不好。因此必须在电镀后进行软熔处理和钝化处理,使其表面分别生成锡铁合金层和氧化锡层,使镀层光亮,并使镀层与钢板的结合力增强和孔隙减少,这样才能有效地提高耐腐蚀性能。

马口铁表面电镀锡,主要是锡的电极电位比铁高,化学性质稳定,因此可对钢板起防锈保护作用。但必须保持镀锡层的完整,若被划破,甚至仅有微小的孔隙而暴露出钢基,也会因产生阳极腐蚀而使钢板很快被锈蚀。

马口铁的主要生产过程为:酸洗低碳薄钢板——电镀锡——软熔处理——钝化处理——涂油——检查——剪切——分类——包装。

马口铁板经金相分析其组织结构由里往外共五层为:

(1)钢基板:一般制罐用,其厚度为 $0.2\sim 0.3mm$。

(2)锡铁合金层:为锡铁合金结构,电镀锡板含锡量 $\leq 1g/m^2$,热浸镀锡板为 $5g/m^2$。

(3)锡层:纯锡,电镀锡板镀锡量为 $5.6\sim 22.4\ g/m^2$,热浸镀锡板为 $22.4\sim 44.8g/m^2$。

(4)氧化膜:主要是氧化亚锡、氧化锡等。

(5)油膜:为棉籽油或癸二酸二辛酯。

马口铁具有一定强度,容易加工成型,可以钎焊,能进行涂料印花,并具有光亮的外观和良好的耐腐蚀性能,所以大量作为包装材料,制作商品包装容器和对工业产品的包装,特别是在食品工业和药品工业应用很广,大量用于各种食品(水果、肉类等)、饮料罐头盒、糖果、茶叶、饼干盒等。

(四)镀铬薄钢板

镀铬薄钢板简称"镀铬板",又称"无锡钢板",是20世纪60

年代初为减少用锡而发展起来的一种马口铁代用材料。它是表面镀有铬和铬的氧化物的低碳薄钢板。镀铬板的耐蚀性比马口铁差,因此均须经内外壁涂料后使用。涂料后的镀铬板,其涂膜附着力特别优良,宜于制作罐底、盖和冲拔罐。

镀铬板的结构通过镜像分析为由钢基板、金属铬层、水合氧化铬层和油膜构成。

镀铬薄钢板主要用于制作腐蚀性较小的啤酒罐和饮料罐。为方便冰镇,一般均采用彩印商标,印铁效果良好。

二、包装用铝材

(一)铝包装的特点

铝材是除钢以外的另一大类包装用金属材料。它除了具有金属材料固有的优良阻隔性能、气密性、防潮性、遮光性之外,还具有下列一些特点:

(1)质量轻。铝是轻金属,相对密度为 2.7,约为钢等金属的 1/3,因此铝包装具有质量轻的优点,可节约运输费用。

(2)加工性能好。铝的延展性、拉拔性优良,因此铝罐均为一次拉拔的两片罐,铝可以做得很薄,还能以铝箔和镀铝的形式用于包装。

(3)在空气和水汽中不生锈。铝材表面光洁美观,不必另镀金属保护层,而经表面施涂后可耐酸、碱、盐介质。

(4)无味无臭。铝材不影响被包装物的风味质量,再加上无硫化物和重金属污染,这对食品、医药品和化妆品的包装尤为重要。

(5)具有循环使用性。铝罐可回收再生利用,从而降低成本和能耗。目前国际市场对铝包装的主要争议是认为铝的生产能耗太高,增加了包装成本。其相应的解决办法是加强铝罐的回收,再生铝可节能 95%。缺铝的日本非常重视铝罐的回收工作,由于铝包装有上述一系列的优点,故现在铝包装的应用方兴未艾。

包装用铝材主要以铝板、铝箔和镀铝薄膜三种形式应用。铝板主要用于制作铝质包装容器,如罐、盆、瓶及软管等。铝箔多用来制作多层复合包装材料的阻隔层,制成的铝箔复合薄膜用于食品包装(主要为软包装)、香烟包装、药品、洗涤剂和化妆品等方面的包装。镀铝薄膜是复合材料的另一种形式,这是一种新型复合软包装材料,它是以特殊工艺在包装塑料薄膜或纸张表面(单面或双面)镀上一层极薄的金属铝,即成为镀铝薄膜。这种镀铝薄膜复合材料主要用做食品,如快餐、点心、肉类、农产品等的真空包装,以及香烟、药品、酒类、化妆品等的包装及商标材料。

(二)包装用铝和铝合金薄板

1. 铝板

制作铝包装容器的板材多采用铝合金板材。铝合金主要是铝—镁、铝—锰合金,有15个品种。板材的强度较纯铝为高。由于铝对酸、碱、盐不耐蚀,所以铝板均须经涂料后使用。

铝板的生产过程是:铸铝——热轧——冷轧——退火——冷轧——热处理——校平——钝化处理(生成致密的氧化铝膜)——涂料——铝板。

铝板主要用于制作铝质包装容器如罐、盒、瓶管等。此外,铝板因加工性能好,是制作易开罐盖的专用材料。

2. 铝冲拔罐

铝板是一种新型的制罐材料,加工性能优良,但焊接较困难,因此铝板均制作成一次冲拔成型的两片罐。目前铝罐生产线的速率可达120~150个/分钟。铝罐轻便美观,外壁不生锈,罐身无缝隙不泄漏,且由单一金属制成,保护性能好,用于鱼、肉类罐头无硫化斑,用做啤酒瓶、饮料罐无风味变化等问题出现。铝罐的缺点是强度较低,较易碰凹,但只要改进运输包装,这个问题就能较好的解决。

现在铝冲拔罐在欧洲应用较多,约占金属罐的 1/3,主要用于销售量很大的啤酒饮料罐,一般制成易开罐形式。非食品包装的喷雾罐中也有部分为铝罐。

3. 铝管和铝管包装

挤压软管包装容器中约有 2/3 是铝管,主要用于牙膏、化妆品、药膏等的包装。铝管用于食品包装则是一种新型简便的包装方法。铝管特别适用于罐装半流质或膏状食品,如果酱、肉酱、奶油、蜂蜜、浓缩食品和调味品等。铝管包装不仅具有质量轻、优良的综合防护性能、强度好、不易破碎、便于携带的特点,而且具有易开启,可挤压折叠,使用后食品易于再存放,保持新鲜度的时间较瓶、罐装为长,不需进行冷冻处理,使用方便的优点,因此颇受消费者的欢迎,并被用于军用食品和宇航食品的包装。

铝管一般由 99% 的纯铝制成,以便挤压卷曲,外表可进行印刷装潢,内壁涂有有机树脂,如环氧树脂、酚醛树脂、乙烯基树脂等,既可进一步提高耐蚀性,又能防止铝管在卷曲时破裂的作用。

铝管的生产方法是把一定厚度的铝板用精密落料冲床进行冲压,落料成小圆片坯料,经过退火,然后在 100~350 吨的挤压机进行冲击挤压,使圆片坯料沿一定长度和直径向外延伸成管状,最后达到一定尺寸。成型后的铝管还要经过热处理消除加工硬化作用,以免在挤压和卷曲时产生破裂。最后在铝管内壁上施涂料、烘干,并在管表面进行印刷装潢。

铝管尺寸大小不等,直径 1.27~5.08cm,长度 3.81~19.05cm。其长度由圆片坯料的厚度决定。

(三) 铝箔及铝箔复合材料

1. 铝箔

铝箔广泛应用于包装的金属箔中。铝箔是采用纯度为

99.3%～99.9%的电解铝或铝合金板材压延而成,厚度在 0.200mm 以下。一般包装用铝箔系和其他包装材料复合使用,作为阻挡层,可提高阻隔性能。生产上为了降低包装成本希望尽量减薄铝箔的厚度,但当铝箔过薄时,会产生针状小孔,使阻隔性能下降。因此必须努力提高铝箔的生产技术,使针孔发生率尽量减少。针孔的多少和大小可根据透气透湿数据来衡量。另外,对铝箔还要求有较高的机械性能的同时又要保持一定的柔软性,以减少折裂。

铝箔虽然很薄,但作为包装材料,具有以下优点:

(1)重量轻。有利于降低费用。

(2)隔绝性与遮光性良好。能防潮、不透气及具有保香性能,可以防止包装物的吸潮、氧化和挥发变质。

(3)耐热性很好。高温和低温时形状稳定,并可作为烘烤用的容器使用。

(4)保护性强。使包装物不易受细菌、霉菌、昆虫的损害。

(5)光的反射和光泽性好。对热和光均有较高的反射能力,其反射率达 83%～85%,因此展销效果优良。

(6)机械特性良好。能满足自动包装机械使用。

(7)二次加工、模压性和压花性好。

(8)印刷和复合适应性好。便于着色,很容易与纸、塑料等贴合。

(9)无毒。不易产生公害。

铝箔的缺点有:强度低,耐撕裂性差,折叠时容易裂口,不耐酸碱介质,不能热黏合封口,因此很少单独使用。绝大多数铝箔是与塑料薄膜、纸张等材料经过复合加工,以复合材料的形式使用。这样既保持了铝箔的优良性能,又弥补了铝箔在某些包装性能方面的不足。复合状态用的铝箔厚度可降至 0.007～0.009mm,含铝箔的复合材料比起无铝箔的复合材料,其阻隔性尤其是遮光性高,能满足真空、无菌、充氮等包装技术的要求,是一种适应性强、使用范围广的新型包装材料,既可用于软包装材料,又可用于半硬和硬包装材料。现已广泛用于食品包装,并已取代部分金属罐。例如,为了节能和防止废弃瓶罐所造成的公害,过去的镀锡铁皮罐和玻璃瓶饮料容器已被大量使用的立式铝箔袋(果汁)和纸包装容器(内贴铝箔)等取代。

2. 铝箔复合薄膜

铝箔复合薄膜属软包装材料,是由铝箔与塑料薄膜或薄纸复合而成。常用的塑料薄膜有聚乙烯、聚丙烯、聚对苯二甲酸乙二醇酯(聚酯)、聚偏二氯乙烯、尼龙等。铝箔的厚度多为 0.007~0.009mm 或 0.012~0.015mm,复合后已有足够的隔绝作用。据统计,铝箔复合薄膜 70% 用于食品包装,17% 用于香烟包装,13% 用于药品、洗涤剂和化妆品包装等。

铝箔复合薄膜的一个有代表性的应用是制成软质容器——蒸煮袋(称软罐头),它的出现被认为是自 150 年前出现的金属罐头以来最重大的包装突破。目前较通用的蒸煮袋,其一般结构是:PET 薄膜/铝箔/改性 PP 或高密度 PE 薄膜。PET 薄膜在最外一层(或用尼龙薄膜),提供了极好的韧性、耐用性;中间一层铝箔则是最经济的防潮、阻氧、阻光、防微生物的材料,也是保持蒸煮袋稳定货架寿命的关键;内层的聚烯烃则有极好的热封性和卫生性。因此蒸煮袋具有质量轻、耗能小,不需要冷藏,运输携带和使用方便等优点,是一种很有前途的包装。目前已取代了部分金属和玻璃罐头、冷冻食品。此外,铝箔复合薄膜还可用做商标材料,装潢效果良好。

3. 铝箔复合容器

铝箔复合材料还可用于制作半硬质和硬质容器,主要制品为复合罐。这是国外流行的一种新型半硬质或硬质包装形式,是金属、玻璃和塑料容器的良好代用品。

复合罐的形状与普通金属罐一样,有圆柱形、椭圆形、方形、六角形等。罐的结构由罐身、罐盖与罐底三部分组成,各由不同材料制成。罐身一般为三层结构,里层为涂有聚偏二氯乙烯的铝箔,中层为塑料复合薄膜,外层为单层或多层纸板卷绕而成。铝箔的厚度一般较大,常用的厚度为 30～40μm,最大可达 150μm,根据容器大小而定,容器较小则铝箔也较薄。罐底、盖可用马口铁、铝合金、塑料和复合纸板制成并可采用易开罐盖结构,复合的密封隔绝性好,可用于无菌包装、真空包装或奶粉、食用油以及机械油、清洁剂等,食品的货架寿命在一年以上。由于复合罐包装经济、轻便,易于装潢,用后易处理,因此是一种特别受欢迎的容器。

(四)镀铝薄膜

镀金属薄膜是一种新型复合软包装材料,其中镀铝薄膜是应用最多的一种。此外还可镀 Au、Ag、Cu、Zn 等。采用特殊工艺在塑料薄膜或纸张表面(单面或双面)镀上一层极薄的金属铝,即成为镀铝薄膜。由于镀铝层较脆弱,容易破损,故一般在其上再复合一层保护用塑料膜如聚乙烯、聚酯、尼龙等。镀铝层厚度约 30nm,比铝箔还薄。

镀铝薄膜有许多与铝箔复合材料相同的优良性能:

(1)阻隔性优良,货架寿命长,适用于食品、药品等的包装。

(2)具有金属光泽,光反射率可达 97%,使商品增添华贵高档感,提高销售价值。

(3)镀铝层导电性能好,能消除静电,因此封口性好,尤其包装粉末状产品时不会污染封口部位,保证了包装的密封性,大大减少了渗漏。

(4)镀铝层厚度可任意选择。

(5)易于印刷加工。

此外,镀铝薄膜还有优于铝箔复合材料之处:

(1)具有优良的耐折性和良好的韧性,很少出现针状孔的裂口,无柔曲龟裂现象,因此隔氧性也更为优越,这对包装敏感和易失风味食品,以及保持外观美是重要的。

(2)镀铝层比铝箔薄得多,因此成本也较低。

镀铝薄膜的基材(载体膜)是塑料膜和纸。最常见的塑料薄膜有聚酯(PET)、尼龙、双向拉伸聚丙烯、聚乙烯、聚氯乙烯等。前三种镀铝薄膜有极好的黏结力和光泽,是性能优良的镀铝复合材料。镀铝聚乙烯薄膜则因价格低、装潢性好而受到欢迎。镀铝聚丙烯薄膜还可制成易启封的封口,用于药品的易开包装。值得一提的还有镀铝基材,其优点是首先是成本比塑料膜低,它和铝箔/纸复合材料比较,既更薄而又价廉,性能也可媲美。而它的加工性能则较铝箔/纸好得多。例如,模切标签时利落整齐,印刷中不易产生卷曲,不留下折痕,因此,大量取代铝箔纸而成为新型商标标签及装潢材料。鉴于以上种种优点,镀铝薄膜是一种既成功又经济的新型复合包装材料。近年来,在欧美等国逐渐推广,已在不少产品上取代了铝箔复合材料(如在香烟包装方面,镀铝纸正在逐步取代铝箔纸)。镀铝薄膜主要用于食品如快餐、点心、肉类、农产品等的真空包装,以及香烟、药品、酒类、化妆品等的包装和商标材料。

镀铝薄膜的工艺是在真空中进行的,即真空镀膜法,使用的机器叫真空镀膜机。其具体工艺是:先用真空泵把镀室抽成真空,压力仅是大气压的万分之一,同时加热坩埚使铝丝熔化,并蒸发成气态。当这种蒸气在移动着的塑料薄膜表面凝固后,就沉积成一层均匀的铝膜。这就是所谓真空蒸(发)镀法,是最常用的方法。此外还有真空室溅射镀和真空离子镀。镀膜的隔绝性与镀铝量成正比,因此生产过程中需要以一定的仪器对镀铝量进行控制和监测。镀铝量的多少主要决定于金属蒸发的速度、薄膜基材的移动速度以及镀室的真空度。

至于镀铝纸,并非所有纸都可以镀铝,还必须考虑到纸的湿度(含水量)以及挥发成分和粗糙表面。因此在往包装纸上镀铝时,设备中还须采用干燥系统去除纸中的大部分水分,才能实现快速镀铝。

总之,由于镀铝薄膜有较为全面的保护功能,良好的加工性和具有宣传魅力的装潢效果，在近几年以来，已成为发展迅速、工艺技术日益成熟、生产能力和产品品种不断增加的新型复合包装材料。

第三节　金属包装材料的加工技术

一、金属印刷工艺

金属印刷的承印物是金属薄板，如镀锡钢板（钢片）、铝板（片）等。现代金属印刷常采用平版印刷方法。

（一）金属印刷的特点与应用

随着包装装潢印刷的迅速发展，纸制品、塑料制品、软包装有了广泛的应用，但同时也要求为商品提供更为坚实耐磨、色彩鲜艳的硬包装。金属包装材料就是比较理想的硬包装制品。

金属包装材料可以制成各种食品、化妆品、药品等的包装罐、盒、筒，各种盛器的盖，以及外包装箱等等。在消费水平逐步提高的今天，金属材料的包装装潢发展很快。

1. 金属印刷的发展

金属印刷，又称金属铁皮印刷，俗称铁皮印刷，简称印铁。

金属印刷最初采用手工石印。将笨重的石块磨平，作为印版。每印刷一版，即将石块表面的图文磨掉，再制作另外的印版。所使用的是单色平台印刷机，工艺简单，速度慢。

随着平版印刷技术的发展，金属印刷技术也获得了迅猛的发展。金属印刷制版不仅采用金属印版，而且已采用照相分色制版和电子分色制版。速度快、质量高、画面层次丰富。印刷机器从单一的石印机发展到目前的单色印刷机和多色印刷机，并已使印刷、干燥自动完成,大大减轻了工人的劳动强度。

2.金属印刷的特点

(1)色彩鲜艳,层次丰富　金属印刷承印物的金属薄板(铁皮)的表面涂有一层锡元素。镀锡的薄钢板称为"马口铁"。马口铁表面的锡层元素具有闪光的金属色彩,再经过透明或不透明色油墨印刷底层(打底),图文就更为鲜艳。如果底色油墨的颜色选择得好,可以反映特殊闪光的色彩,提高图文的对比,这是一般包装产品难以达到的。

(2)改进包装产品的艺术造型　金属印刷产品可以加工成各种立体造型的包装物,如圆形、方形、多角形、弧形、锥形以及其他各种异形筒、罐、盒包装器具,达到美化商品、提高商品竞争能力的目的。

(3)使用价值高　金属印刷的油墨具有良好的耐磨性,制成各种金属包装装潢成品,在日常使用中的使用价值高,经济效益好。

(二)金属印刷标准的印刷适性

金属印刷材料有金属承印物、色料(油墨和涂料)等,其特点各不相同。

金属印刷常用承印物有镀锡钢板(片)和铝板(皮)两种。

金属印刷油墨由颜料、连接料、填充料、润滑剂、干燥剂等组成。

(1)颜料。用于印铁油墨的颜料是一种既不溶于水,也不溶于油的色料,它与油墨中的连接料经过机械搅拌和研细,就成了油墨成品。印铁油墨的颜料可分有机颜料和无机颜料两大类。

无机颜料通常又叫矿物颜料,例如钛白、锌白、白土,其中钛白的白度最佳。它的主要特点是吸油量少、易粉化,折射率大,耐酸、耐碱性好。无机颜料的特点是耐热性、稳定性好、但种类少,色泽不够鲜艳。有机颜料分色淀类颜料、偶氮类颜料和钦著类颜料三种。

(2)连接料。连接料根据印刷要求的不同分三大类型,即氧化结膜型、渗透型和挥发型。印铁油墨连接料属无氧化结膜型。主要依靠干性植物油或合成树脂的氧化催干。

(3)油墨的调配。调配好油墨,是金属印刷生产的一项重要工作。根据各种不同机型,不同气候(温度)和套色要求选配调墨辅助材料。调墨油的用量要适当,用量过多或过少都会影响印刷效果。

目前,除了通常使用的普通印铁油墨外,还有一种印铁光敏油墨。这是一种利用具有一定波长的紫外光照射促使油墨加速干燥的新型印刷油墨。光敏油墨具有无溶剂、干燥快(干燥时间为 1~2s)、节约能量等优点。

(三)金属印刷用涂料

涂布在金属薄板表面能形成膜层的材料叫涂料。印铁涂料分打底涂料,白涂料、上光涂料三种。

(1)打底涂料印铁打底涂料的作用是使金属与油墨层牢固地连接,因此,打底涂料必须具有对金属的牢固的附着力,对油墨有良好的亲油性。涂料本身应有良好的流动性,抗水性和成膜后泛黄少的特点。涂料打底工艺有印刷机印刷打底和橡皮滚筒滚涂打底两种。

(2)白涂料白涂料主要由颜料和氨基醇酸树脂和醇类溶剂组成,常用于印刷满版图文的底色。白涂料应具有良好的附着力,良好的白度,并能在 200℃以下烘烤数小时不泛黄,在冲制一定深度的筒、罐造型时不掉层、不剥落。

(3)上光涂料上光涂料用于已经完成所有各色图文套印的印铁表面上,以增添图文表面的光泽性,保护印刷油墨层,增加金属包装材料表面的耐化学腐蚀性。为此,在生产实际中要求上光涂料具有一定的光亮度、硬度和牢度,保色性能良好,经一定温度干燥后不泛黄变色,流动性好,成膜后能承受制罐加工弯曲和机械冲击等特性。

(四)金属印刷工艺

金属印刷的制版和印刷工艺与一般胶印制版工艺和胶印工艺基本相同,现就不相同的方面作必要的阐述。

1. 底色印刷

镀锡薄钢板(马口铁)表面有金属色泽。如果在金属层表面涂布一满版白色油墨或白色涂料后,就像一张高质量的白纸,可以任意印刷各种图文,效果十分理想。这是因为金属层表面平整光滑,再涂布白色底色,其表面的平滑度和洁白程度均超过一般涂料纸、铜版纸,所以网点格外清晰。

如果利用金属本色的某些特点,再采用电解工艺,使热搪镀锡层重新排列,形成各种千姿百态的花样,然后在花样上印一道透明色,或另外再安排图文,就显得别具一格,称为"冰花"工艺。

2. 合理安排图文的布局

金属印刷不仅要考虑到原稿特点和规格,还要考虑到后加工因素。

金属包装装潢的加工称为制罐。目前制罐方法有:三片止口罐、高频电阻焊接三片罐、热熔胶粘结(三片罐和二片罐)等三种,造型各异。但彩色图文制罐大多数仍为三片止口罐工艺。

三片止口罐工艺不仅要考虑包装外形(方形、圆形、扁形、棱形、锥形或异形)的特点,还应考虑止口的大小,以及止口的图像、文字之间的拼接位置,使装潢画面富有艺术效果。

3. 干燥

金属包装装璜的印刷方法,质量要求与质量检查等内容,与一般胶版印刷操作相同。仅是金属薄板代替纸张。所不同的是印刷工序完成以后,必须进入烘干工序。

金属印刷的印刷品,干燥是在烘干通道中进行的。烘干通道俗称干燥供房,分三个干燥区域。第一段为预热区,第二段为恒温区,第三段为降温区。金属材料干燥过程中,恒温区的延长对干燥效果很有好处;同时要求降温区能迅速把烘干后的印刷物降至常温,这样可以防止因金属余热而带来的一系列弊病,提高印刷品的质量。

二、金属焊接工艺

焊接成型是用加热或加压等方式,使两个分离的表面产生原子间的结合与扩散作用,从而形成不可拆卸接头的成型方法。焊接成型的特点是:可将大而复杂的结构分解为小而结构简单的材料拼焊,简化工艺和简化成本。实现不同材料之间的连接成型。实现特殊结构的生产。焊接的优点是结构质量轻等。焊接的缺点是:(1)焊接的结构不可拆卸;(2)焊接易产生残余应力;(3)焊缝易产生裂纹、夹杂、气孔等缺陷,引起应力集中等问题。

按照焊接工艺的特点,焊接方法分为熔化焊、压力焊和钎焊三大类。每一种焊接方法又根据所用热源、保护措施、焊接设备的不同可分为多种焊接方法。

熔化焊是将待焊的母材金属融化、结晶形成焊缝的焊接方法。常用的熔化焊有焊条电弧焊、埋弧自动焊、气体保护焊、电渣焊、高能焊等。

压力焊是焊接过程中,对焊件施加一定压力(加热或不加热),以完成焊接的方法,简称为压焊。压焊的类型很多,最常用的有电阻焊、摩擦焊、超声波焊、扩散焊等。

扩散焊是焊件紧密贴合,在真空或保护气体中,在一定温度和压力下保持一段时间,使接触面之间的原子相互扩散而完成焊接的压焊方法。扩散焊是利用高压气体加压和高频感应加热对管子和衬套进行真空扩散焊。焊接工艺过程是,焊前对管壁内表面和衬套进行清理、装配,管子两端用封头封固,然后放入真空室内加热,同时向封闭的管子内通入一定压力的惰性气体。通过控制温度、气体压力和时间,使衬套外面与管子内壁紧密接触,并产生原子间相互扩散而实现焊接。

三、板材的冲压成型工艺

板材冲压是利用冲模使板材产生分离或变形的加工方法。冲压加工方法可以分为分离工序和成形工序两大类。分离工序是将板材沿一定轮廓相互分离,特点是板材在冲压力作用下发生剪切而分离。成形工序是在不破坏板材的条件下使之产生塑性变形,形成所需形状及尺寸的零件,特点是板材在冲压力作用下,变形区应力满足屈服条件,因此板材只发生塑性形变而不破裂。

(一)分离工序

分离工序主要包括冲裁(落料冲孔)、剪切、切边、切口、剖切等,它们的变形机理都是一样的。

1. 冲裁的分离过程及质量控制

冲裁的分离过程可分为弹性形变阶段、塑性变形阶段和断裂分离阶段三个阶段。

(1)弹性产生局部变形阶段。凸模压缩板材,使板材产生局部弹性拉伸和弯曲变形,最终在工件上呈现出圆角带。

(2)塑性变形阶段。当板材变形区应力满足屈服条件时,则形成塑性变形,板材挤入凹模,并引起冷变形强化。在工件剪断面上表现光亮带。此阶段结束时,在应力集中的刀刃附近出现微裂纹,这时冲裁力最大。

(3)断裂分离阶段。随着凸凹模刃口的继续压入,上下裂纹延伸,以至相遇重合,板材被分离。这一过程使工件在剪断面上产生一粗糙的断裂带。

冲裁间隙是冲裁工艺中的重要参数。间隙过大或过小都将引起上、下裂纹不重合。间隙过大,断裂带宽度增大,断面质量和尺寸精度降低,毛刺增大。间隙过小,会产生二次剪切,同时使冲裁力增大,模具寿命降低。因此,应选用合理间隙,遵循的基本原则是使上下裂纹重合。

在设计模具时,需要注意落料和冲孔的设计原则的不同和概念的不同。落料是从板材上冲下所需要形状的零件。冲孔是板材上冲出所需要形状的孔。

2. 整修

用一般冲裁方法所冲出的零件,断面粗糙,带有锥度,尺寸精度不高,一般落料件精度不超过 IT10,冲孔精度不超过 IT9。因此,冲裁后需要进行整修,以提高落料件和冲孔件的精度和断面质量。

整修工序是用整修模将落料件的外缘或冲孔件的内缘刮去一层薄的切屑,以切去冲裁面上的粗糙层,提高尺寸精度。整修后冲裁件的精度可达到 IT9～IT7,粗糙度为 $R_a 1.6 \sim 0.8 \mu m$。

整修虽然可以获得高精度和光洁剪断面的冲裁件,但是增加了整修工序和模具,使冲裁件的成本增加,生产率降低。

3. 精密冲裁

精密冲裁是经一次冲裁获得高精度和光洁剪断面冲裁件的一种冲裁方法,具有冲裁质量高和效率高的优点。应用最广泛的精密冲裁方法是强力压边精密冲裁。冲裁过程是:压力圈 V 形齿首先压入板材,在 V 形齿内侧产生向中心的侧向压力,同时,凸模中的反压顶杆向上以一定压力顶住板材,当凹模下压时,使 V 形齿圈以内的材料处于三向压应力状态。为避免出现剪裂状态。凹模刃口一般做成 $R=0.01 \sim 0.03$ mm 的小圆角。凸、凹模间的单面间隙小于板厚的 0.5%。这样便使冲裁过程完全成为塑性剪切变形,不再出现断裂阶段,得到全部为平直光洁剪切面的冲裁件。精密冲裁可获得精度为 IT7～IT6、表面粗糙度为 $R_a 0.8 \sim 0.4 \mu m$ 的冲裁件。

(二)成型工序

成型工序主要包括弯曲、拉伸、翻边、旋压、成型等。

1. 弯曲

将板材、型材或管材在弯矩作用下弯成一定曲率和角度的成形方法称为弯曲。板材的弯曲变形过程是:将板材放在凹模上,随着凸模的向下运动,材料弯曲半径逐渐减小,直到凸、凹模与板料吻合,使板材按凸、凹模的几何形状弯曲成形。弯曲时,变形只发生在圆角部分,其外侧受拉压力而产生拉伸变形。当变形超过材料的成形极限时就会形成裂纹。圆角内侧受压应力过大时会引起褶皱。

弯曲半径 R 与板材厚度 t 的比值 R/t 称为相对弯曲半径,它反映了弯曲变形程度的大小。R/t 越小,说明变形程度越大,当 R/t 小到一定程度时,就会超出板材的成形极限而发生破坏。在保证板材外层纤维不发生破坏的条件下,所能弯成零件内表面的最小圆角半径,称为最小弯曲半径 R_{min} 不同板材在不同状态下沿不同弯曲方向时,其 R_{min} 各不相同。例如退火状态的 08 钢材板,当弯曲线垂直于纤维方向时,R_{min} 不小于 0.1t。当弯曲线平行于纤维方向时,R_{min} 不小于 0.4t。实际生产中,弯曲件的圆角半径一般不应小于最小弯曲半径,若一定要求 R_{min} 时,工艺上应考虑采用多次弯曲,而且弯曲工序之间应退火。

在弯曲工序中,还应注意回弹问题,即由于弹性变形部分的回复,使弯曲后工件的弯曲角增大。回弹角通常小于 10°。材料屈服点越高,回弹值越大。工件弯曲角度越大,回弹值也越大。此外,回弹值还与工件形状、模具间隙、变形程度大小、弯曲方式等因素有关。在设计弯曲模具时,应使模具上的弯曲角比工件要求的弯曲角小一个回弹角度。

2. 拉伸

拉伸也叫拉延,它是利用模具使板料变成开口的空心零件的冲压工艺方法。

(1)拉伸变形过程。拉伸变形过程是：在凸模的作用下，原始直径为 D 的板材在凹模端面和压边圈之间的缝隙中变形，并被拉进凸模与凹模之间的间隙里形成空心零件。零件上高度为 h 的直壁部分是由板材的环形部分(外径为 D、内径为 d)转化而成的，所以拉伸时板材的环形部分是变形区，变形区内受径向拉应力和切向压应力的作用，产生塑性变形，将板材的环形部分变为圆筒形件的直壁，塑性变形的程度由底部向上逐渐增大，在圆筒的顶部变形达到最大。在拉伸过程中，圆筒的底部基本上没有塑性变形，底部只传递凹模作用于板材的拉伸力。

拉伸的变形程度受两个方面的限制，一是径向拉应力过大导致板材变薄以致拉裂(主要是筒底转角处)，二是切向压应力过大导致周边失稳而起皱。此外，还应注意拉伸变形后材料的加工硬化，在多次拉伸时应退火以消除加工硬化。

(2)拉伸工艺参数。最主要的工艺参数是反映变形程度的拉伸系数 m，对圆筒形零件来说，拉伸后零件的直径 d 与板材的直径 D 之比称为拉伸系数 m。

拉伸系数越小，变形程度越大。在拉伸生产中，每次拉伸时的拉伸系数不应小于材料的极限拉伸系数，否则会引起拉裂。所谓极限拉伸系数是指工件不致拉裂的条件下所能达到的最小拉伸系数。影响极限拉伸系数的因素有很多。塑性越好，极限拉伸系数越小，板材相对厚度越大，拉伸时越不易起皱。此外，凸、凹模的圆角半径、模具间隙、润滑条件等对极限拉伸系数有一定的影响。

为了防止拉伸过程中凸缘部分起皱，模具上通常采用压边圈对凸缘部分压紧。拉伸模具的凸模和凹模与冲裁时的不同，它们的工作部分没有锋利的刃口，而是做成一定半径的圆角，凸凹模之间的间隙大于冲裁模间隙且稍大于板材厚度。

3. 翻边

翻边是用扩孔的方法使带孔件在孔口周围冲制出竖直边缘

的冲压成型工序。过程是:将带孔的板材放在凹模上,凸模向下运动,逐步压入凹模,板材在凸模的作用下,沿孔口按凹模和凸模提供的形状翻出直边。

变形过程中,变形极限值受翻出直边的开口处周向拉变形所限制,通常用翻边系数表示。翻边系数值越小,变形程度越大。

4. 旋压

拉伸也可用旋压来完成。旋压是形成金属空心回转体的工艺方法。成型过程是:将板材顶在一旋转的芯模上,并使板材随芯模旋转,用简单的旋压工具对旋转的板材外侧施加局部压力,同时与芯模做相对进给运动,从而使板材在芯模上产生连续、逐点的变形。利用旋压工具绕静止的板材与芯模旋转,也可完成旋压。

旋压没有专门的设备,使用简单机床即可,适合小批量生产,也可用于大批量生产。

旋压包括普通旋压和变薄旋压两种。变薄旋压是在旋压成型过程中,在较高的接触压力下,板材壁厚逐点的、有规律的减薄而直径无显著变化。

5. 橡皮成型和液压成型

橡皮成型是利用橡皮作为凸模(或凹模)进行板材成型的方法。液压成型是用液体作为传压介质,使板材产生塑性变形,按模具形状成型的工艺方法。

橡皮成型的特点是金属板材能整体成型,变形区的应力状态具有弯曲和压缩的双重特点。板材放在一个刚性凸模(或凹模)上,在压头中借助钢容器装入一定厚度的橡皮垫。当压头向下运动时,凸模压入橡皮垫,并将压力均匀地传给板材,使板材按照凸模形状成型。

液压成型是采用由可控的液体压力所支撑的柔性模取代橡皮垫,使板材在完全均匀的液体压力下成型。

第四节 金属包装材料的应用

一、金属包装材料应用概述

金属包装材料是传统包装材料之一。金属容器从暂时储存内装物品的机能演变到今天的食品罐头、饮料容器、运输包装等,从生产到流通、消费形成流动容器,成了长期保存内装物品的手段,可以说金属给人类的日常生活带来了很大的变革和进步。

金属包装材料其应用虽然只有一百多年的历史,但随着现代化的冶金工业的发展,为工农业各部门大量提供各种金属,成为各部门现代化生产的基础,广泛使用于工业产品包装、运输包装和销售包装中。目前在各类包装材料中,日本和欧洲各国,金属约占13.7%,仅次于纸和塑料包装,占第三位,而美国包装消费金属材料比塑料要多,约占第二位。我国的金属材料包装在1983年约30.85万吨,占包装材料的7.24%,仅次于塑料包装。

在各种包装技术日新月异地发展的今天,新型包装材料不断出现,相互竞争十分激烈,金属包装材料在某些方面的应用已部分地被塑料或复合材料所代替。但由于金属包装材料具有优良的综合性能,且资源丰富,所以金属包装仍然保持着生命力,应用形式更加多样。特别是在复合材料领域找到了用武之地,成为复合材料中主要的阻隔材料层,如以铝箔为基材的复合材料和镀金属复合薄膜的成功应用就是很好的证明。

二、金属包装材料的应用种类

包装用金属容器品种繁多,有罐、桶、箱、盒、管等类型,其加工工艺也比较复杂。

第四章 金属包装材料的加工与应用

(一)金属罐

国际标准对金属罐的定义是:用最大公称厚度为 0.49 mm 金属材料制成的硬质容器。我国国标 GB 13040-91 的定义为:用金属薄板制成的容量较小的容器。由于在 GB 13040-91 中没有"薄板"和"容量"的定量概念,所以,桶和罐的界线不是绝对的(图4-1)。

图 4-1 金属罐包装

这种金属罐子的优点很明显,它的密闭性非常好,能抗较高的内压,非常适合用于装载碳酸饮料这种仅对压力、空气和耐酸性有少许要求的饮品。对于果蔬汁来说,有机酸是决定其口味的重要成分,它构成水果特有的香味。果蔬汁中糖酸含量是影响口味的重要原因,但是有机酸又具有一定的腐蚀性。此外,果蔬汁内的酶、维生素 C、色素等重要成分均对光和温度有一定的要求。不过,易拉罐采用马口铁三片罐和铝制两片罐,并且还内涂环氧酚醛型涂料(有时还需要在环氧酚醛型内涂层上再涂一层乙烯基涂料),这样一来,果蔬汁的有机酸就构不成威胁了。

目前,用于包装的金属罐主要是铝质二片罐。铝质二片罐采用铝合金薄板作为材料,在制造过程中使用了变薄拉伸工艺,所以罐壁的厚度明显比罐底薄(图 4-2)。在用于啤酒包装时,强大的内压会弥补薄罐壁的刚性,但是金属罐的高阻气性、遮光性和密封性,会让罐内啤酒的质量保持稳定。

图 4-2 可口可乐金属包装

正是这些金属特征的存在,使得金属罐即使采用等压灌装这种很费时间的装填方式也能进行高速灌装。

(二)金属桶

金属桶一般指用较厚的金属板(大于 0.5mm)制成的容量较大(大于 20 L)的容器。按照桶材料的不同,可分为钢桶、铝桶、不锈钢桶等。本节主要讨论钢桶。

钢桶最早于 1903 年出现在美国。由于它的强度高,能耐恶劣的条件,适于长途运输,安全可靠,且工艺简单,装卸方便等优点,已基本替代了木桶的包装。

钢桶之所以得到广泛的应用,是因为它有良好的机械性能,能耐压、耐冲击、耐碰撞;有良好的密封性,不易泄漏;对环境有良好的适应性,耐热、耐寒;装取内装物方便,储运方便;根据内装物的不同,某些钢桶有较好的耐蚀性;有的钢桶可多次重复使用等。

钢桶用于储运液体、浆料、粉料或固态的食品及轻化工原料,包括易燃、易爆、有毒的原料(图 4-3)。

图 4-3 金属桶包装

(三) 金属软管

软管是一种特殊的包装容器,主要用于膏状物品的包装(图4-4),目前主要有金属软管、塑料软管和复合软管。金属软管于19世纪中期问世,世界上第一支金属软管是锡制软管,用以包装绘画颜料,随后逐渐发展用锡、铅、铝软金属为材料。目前锡、铅已不用,而铝质软管应用日益广泛,产量也大,主要用于包装膏状和半膏状产品如牙膏、药品和食品(番茄酱及各种调味食品)。软管有小至 4 mL 的眼药膏到大至 500 mL 以上的油墨、油漆软管。

图 4-4 金属软管包装

铝质软管密封性好,可保护内装物不受外界空气及污染物的侵害,保护内装物在较长时间内不变质,尤其用于药品包装方面,其防潮和抗氧化的优点更显著。管内壁涂料可大大提高抗酸或抗碱腐蚀的能力。

20世纪50年代塑料软管问世,其密封性能比金属软管差,但使用过程中不会出现凹瘪现象,适用于化妆品包装。20世纪60年代开发了塑料和金属材料的复合软管,这种复合材料是由铝箔、纸、聚乙烯3层复合后进行纵向封合成卷筒再进行加工。铝质软管面临塑料软管和复合材料软管的竞争,但其密封性、防潮性和抗氧化能力在药品包装领域仍立于不败之地。

(四) 金属喷雾包装

喷雾包装从原理上讲是将目的物(将有效成分溶解在溶剂中,在日本一般称为原液)和推进剂相混合后,装入带有阀门的耐压容器中,利用推进剂的压力,把内装物从阀门中喷出来,一般按其使用的目的和用途,以喷雾、泡沫、射流的形态放出来。喷雾包装广泛地用于医药品、化妆品、家庭用品、食品、汽车用品、工业用品等消费市场的各个领域。

喷雾包装内有能量(压力、膨胀力),而且有阀门,因此在操作时,用手按动阀门,即可很容易地按所需要的状态将内装物从容器中取出来。作为能源的推进剂同时封在容器中,将此与原液组合,能比较容易地得到其他包装所得不到的内装物取出状态;而且在其容器上还设能自动开关的阀门,除取出所需的量外,其他总是保持密封状态。所以就其商品价值来看,具有准确、有效、简便、卫生等特点(图 4-5)。

图 4-5　金属喷雾包装

第五章　玻璃与陶瓷包装材料的加工与应用

玻璃包装和陶瓷包装是两种古老的包装方式。玻璃与陶瓷包装的相同之处是材质相仿、化学稳定性好。但是由于成型、烧制方式不同,它们又有区别,前者是先成材后成型,后者是先成型后成材。玻璃与陶瓷包装材料在包装设计中被广泛应用。尽管它们有易碎、易损、质量过大等缺点,但由于其固有的特点,至今仍然是重要的包装容器,特别是在食品、饮料的包装方面需求量还在继续上升。本章将对玻璃与陶瓷包装材料的加工与应用展开论述。

第一节　玻璃与陶瓷包装材料的特性

一、玻璃包装材料的特性

玻璃起源于埃及,早在公元前 16 世纪,古埃及人就发明了以石英石为原料、用热压法生产玻璃容器的方法。公元前 1 世纪,罗马人发明了吹制玻璃的方法,并创造出厂"浮雕玻璃工艺"。这种吹制技术在汉代从罗马传入了我国,到了明代,我国已经能大量生产玻璃器皿。玻璃瓶则早在公元 300 年就在罗马普通人的家庭中得到使用。1809 年,阿珀特发明了用玻璃瓶保存食品的方法,此后到 19 世纪后半叶,在商店、杂货店中出售的许多商品都使用玻璃瓶作为包装。如从1884年开始,牛乳开始使用玻璃瓶进行灌装生产。玻璃瓶作为酒的包装,尤其是葡萄酒的包装已有很长的历史。1903年,欧文斯成功研制出了全自动玻璃制造机械,使廉价的瓶装啤酒的大规模生产成为可能。20世纪后新技术不断出现,钢化玻璃、浮雕工艺、喷砂工艺、彩绘工艺等为酒类、化妆品、食品等的玻璃包装容器带来了更美观的形态。

(一)玻璃包装材料的优点与缺点

玻璃的定义是指由熔融物冷却硬化而得的非晶态固体。广义的玻璃包括有机玻璃和无机玻璃。狭义的玻璃仅指传统玻璃即无机玻璃。无机玻璃是由无机物熔融冷却而成。工业上大规模生产的是以二氧化硅为主要成分的硅酸盐玻璃。美国材料试验协会(ASTM)给予玻璃的定义是:玻璃是由无机熔融体冷却成固态而不结晶的物质。

玻璃的显著特点在于:可以通过化学组成的调整,并结合各种工艺方法来大幅度调整玻璃的物理和化学性能,以适应范围很广的实用要求。又因为玻璃没有固定熔点,其黏性随温度连续变化,故可以用多种方法将玻璃成型,制成各种形状的产品。

玻璃包装材料,由于它性能稳定、耐酸、无毒、无味、生产成本低、容易造型等特性,故常用于酒类、饮料、食品、化妆品等商品的包装,缺点是分量重、易打碎。以下分别进行论述。

1.玻璃包装材料的优点

玻璃是一种透明而坚硬的固体物质,它是熔融物冷却凝固所得到的非晶态无机材料,主要成分是二氧化硅。玻璃的隔热性能和耐蚀性能也较好,且具有一定的光学常数以及光谱特性等一系列重要光学性质。

作为包装材料,玻璃具有一系列非常可贵的特性:透明性好,易于造型,具有特别的美化商品的效果;玻璃的保护性能优良,坚硬耐压,只有良好的阻隔性、耐蚀性、耐热性和光学性能;能够用多种成形和加工方法制成各种形状和大小的包装容器；玻璃的原料丰富，价格低廉，并且具有回收再利用的性能。

玻璃作为一种包装材料还具有许多优点。

(1)化学惰性。对于大多数可能用玻璃包装的物品，玻璃不会与之作用，没有什么影响，安全性高。

(2)阻隔性高。对水蒸气和气体完全隔绝，从而具有很好的保存性。

(3)透明度高，且可制成有色玻璃。

(4)刚性大。在整个销售期间保持形状不变，可使外包装容器的刚性减少，降低成本。

(5)耐内部压力强。特别对那些含碳酸气体的饮料和气溶胶的商品包装来说，是一种特别重要的性能。

(6)耐热性好。在包装时需要耐高温的主要场合有：热灌装，在容器中烧煮或消毒杀菌，用蒸汽热空气对容器进行消毒，而玻璃能耐大于500℃的温度，能适应于任何包装用途。

这里以玻璃瓶为例，对其优点进行分析。玻璃瓶是我国传统的饮料包装容器，是食品、医药、化学工业的主要包装容器。在很多种包装材料涌入市场的情况下，玻璃容器在饮料包装中仍占有着重要位置，这和它具有其他包装材料无法替代的包装特性分不开。玻璃瓶包装容器具的特点主要表现在以下几个方面。

(1)化学稳定性好。

(2)易于密封，气密性好，透明，可以从外面观察到盛装物的情况。

(3)贮存性能好；表面光洁，便于消毒灭菌。

(4)造型美观，装饰丰富多彩。

(5)有一定的机械强度，能够承受瓶内压力与运输过程中的外力作用。

(6)原料分布广，价格低廉等优点。

此外，玻璃瓶还具有如下特点。

(1)玻璃材料具有良好的阻隔性能，可以很好地阻止氧气等气体对内装物的侵袭,同时可以阻止内装物的可挥发性成分向大气中挥发。

(2)玻璃瓶可以反复多次使用,可以降低包装成本。

(3)玻璃能够较容易的进行颜色和透明度的改变。

(4)玻璃瓶安全卫生、有良好的耐腐蚀能力和耐酸蚀能力,适合进行酸性物质(如果蔬汁饮料等)的包装。

2.玻璃包装材料的缺点

玻璃包装也存在一些缺点,如脆性,玻璃的耐冲击强度不大,尤其是当表面受到损伤或制造时组成不均匀时会很严重。如灌装期间瓶子破碎,既损失了容器,又损失了产品,更严重的是中断了机器运转,甚至更难估计的是玻璃屑掉在产品中,尤其是食品和化妆品中,则后果不堪设想。

总体来说,玻璃包装材料存在以下几点问题。

(1)抗冲击强度不高。当玻璃表面有损伤时,其抗冲击性能再度下降,容易破碎且质量大,故增加了玻璃包装的运输费用。

(2)不能承受内外温度的急剧变化。玻璃能够承受的表面与内部之间最大急变温差为32℃,在需要对玻璃内容物热加工(如灭菌及热灌装)的场合,为了减少对玻璃容器的热冲击、防止玻璃瓶破碎,要保证玻璃内外温度均匀上升。

(3)玻璃熔制是在很高的温度(1500℃～1600℃)下进行的。所以,玻璃生产需要耗费很大的能源。

(二)玻璃包装材料的性能分析

1.玻璃的化学组成

玻璃的化学组成,是指该种玻璃是由何种氧化物和其他辅助原料所组成。玻璃的组成是决定玻璃物理、化学性质和生产工艺的主要因素,所以经常借助调整玻璃的组成,来改变玻璃的性质,使之适应生产工艺条件和满足制品的使用要求。

玻璃在包装工业中，主要是制成玻璃瓶罐。按玻璃组成氧化物在玻璃结构中的作用，可分为玻璃形成氧化物、中间体氧化物和网络外体氧化物3类。

(1) 玻璃形成氧化物

玻璃形成氧化物为二氧化硅和氧化硼。单独的二氧化硅可以制成石英玻璃。在一般玻璃中，二氧化硅以硅氧四面体结构单元形成结构网络。二氧化硅能降低玻璃的热膨胀系数、密度，提高玻璃的热稳定性、化学稳定性、黏度、机械强度等；但二氧化硅含量高，需要较高的熔融温度。一般瓶罐玻璃二氧化硅含量约为73%。

氧化硼也可以单独形成玻璃，它以硼氧三角体和硼氧四面体为结构单元，在硼硅酸盐玻璃中与硅氧四面体共同组成结构网络。氧化硼能降低玻璃的热膨胀系数，提高玻璃的化学稳定性和热稳定性，改善玻璃的光泽，提高玻璃的机械强度。氧化硼在高温时，降低玻璃的黏度，在低温时则增加玻璃的黏度。少量的氧化硼有助熔作用，加速玻璃的澄清，降低玻璃的结晶能力。当氧化硼引入量过高时，由于结构中量增多，玻璃的热膨胀系数等反而增大，导致发生反常现象。

(2) 中间体氧化物

中间体氧化物自身不能形成玻璃，但可以连接玻璃链使其保持玻璃态。如加入大量的氧化铅（最高达60%）能产生一种灿烂发光的装饰玻璃。中间体氧化物不但能变为玻璃网络结构中的一部分，而且可改变结构内部的位置。中间体氧化物主要有氧化铝、氧化铅、氧化锌等。

当玻璃中游离氧较多时，氧化铝和氧化锌分别形成铝氧四面体和锌氧四面体，与硅氧四面体组成连续的网络结构。当玻璃中游离氧减少时，它们又分别形成铝氧八面体和锌氧八面体居于网络之外。它们都能降低玻璃的热膨胀系数，提高玻璃的热稳定性、化学稳定性、机械强度和黏度，但用量不宜过多。

(3)网络外体氧化物——改性剂

这种氧化物不参与玻璃的结构网络,居于网络之外,但能促使玻璃网络破裂而改变玻璃的性质,因此有时也称网络外体氧化物为玻璃改性剂。其主要氧化物有:氧化锂、氧化钠、氧化钾、氧化镁、氧化钡等。但网络外体氧化物只能加入有限的量,这样可以降低熔点和简化工艺。

2. 玻璃的物理性能

(1)玻璃的机械性能

玻璃的密度随成分不同而不同,一般为 $2.2\sim6.5\text{g}/\text{m}^3$,常用的钢玻璃密度为 $2.5\text{g}/\text{m}^3$。玻璃的透明性好、阻隔性强,是良好的密封容器材料,加入 Cr_2O_3 能制成绿色玻璃,加入 NiO 能制成棕色玻璃。

玻璃的坚固、耐用性主要取决于它的机械性质。玻璃的抗拉强度一般为 $60\sim80\text{N}/\text{m}^3$,热塑时抗拉强度则显著提高,增加 CaO 含量亦可使抗拉强度提高,但 NaO、K_2O 的含量过高则会降低其抗拉强度。玻璃表面若有微小裂痕,其抗张强度会大大降低。玻璃的抗压强度高,一般比对应的抗拉强度高 15~16 倍。玻璃的弹性和韧性差,属于脆性材料,超过其强度极限会立刻破裂,但硬度很好,约为莫氏 6 级。

(2)玻璃的热稳定性

玻璃有一定的耐热性,但不能承受温度急剧变化。作为容器玻璃,在其成分中加入硅、硼、铅、镁、锌等的氧化物,可提高其耐热性,以适应玻璃容器的高温杀菌和消毒处理。容器玻璃的热稳定性受热膨胀、系数、抗拉强度和弹性系数的影响最大,它与抗张强度成正比,与热膨胀系数成反比。容器玻璃的厚度不均匀,存在结石、气泡、微小裂纹和不均匀的内应力,均会影响热稳定性。

玻璃的热稳定性可用下列公式表示:

$$K = \frac{p}{\alpha \cdot E} \sqrt{\frac{\lambda}{cd}}$$

式中　K——玻璃的热稳定性；

　　　P——玻璃的拉伸强度；

　　　α——玻璃的线热膨胀系数；

　　　E——玻璃的弹性模量；

　　　a——玻璃的导热系数；

　　　c——玻璃的比热容；

　　　d——玻璃的密度。

(3)玻璃的光学性能

玻璃的光学性能体现为透明性和折光性。干净的玻璃有高度的透明性，但当使用不透明的玻璃或琥珀玻璃时，光的破坏作用大大降低。由琥珀色玻璃吹制的瓶子(厚度2mm)，能遮隔波长大于450nm的光，绿色玻璃能遮隔波长350nm左右的光。玻璃的厚度与种类均影响其滤光性。玻璃还具有较大的折光性，利用这一性质，可使工艺品玻璃容器具光彩夺目的装潢效果。

(4)玻璃的不渗透性

对于所有气体、溶液或溶剂，玻璃是完全不渗透的。经常把玻璃作为气体的理想包装材料。

(5)玻璃化学稳定性

玻璃具有良好的化学稳定性，耐化学腐蚀性强，只有氢氟酸能腐蚀玻璃。因此，玻璃容器盛装酸性或碱性食品以及针剂药液，显得格外重要。玻璃的种类很多，不同玻璃的化学稳定性不一样。影响玻璃性质的因素包括玻璃的化学组成、腐蚀的温度和时间以及玻璃是否与其他有害的元素接触过高。中性玻璃一般比碱性玻璃更耐化学腐蚀，后者会使水溶液呈碱性，因此，这种玻璃容器对其内装物的性质有所影响。

(6)玻璃共同的物理性质

玻璃的外部特征是坚硬，具有较大的脆性；对一定波长范围的光波透明；破裂时断面呈壳状。其共同的物理性质为：

①各向同性，即玻璃在各个方向上的物理化学性质都是相同的。

②玻璃无固定的熔点,从熔融状态到固体状态,其性质的变化是连续的和可塑的。

③玻璃的内能比晶体高,因而处于不稳状态,在一定温度下可能自动析出结晶,但在常温下,由于其黏度极高,原子不能重新排列,是不可能析晶的。

(7)玻璃的密度

密度是单位体积的质量,国际单位制为 kg/m^3,但常采用 g/m^3 为单位。玻璃的密度主要与组成和玻璃中原子的质量、堆积密度以及配位数有关,是表征玻璃结构的一个标志。在进行玻璃制品的质量和热工计算等的时候,需要密度的数据。利用测定密度可控制玻璃组成的恒定性,借以控制生产工艺。根据密度分布,可以求得玻璃的均匀性。

单纯氧化物玻璃的密度是比较小的,当同一种氧化物的配位状态改变时,玻璃的密度也发生变化。

玻璃的密度总是随温度的升高而减小,温度由 20℃ 升高到 1300℃ 时,大多数商品玻璃的密度减小 6%~12%,其变化取决于玻璃的膨胀系数。

退火时,玻璃的密度增加。而淬火玻璃由于保持了高温时较疏松的结构状态,密度较退火玻璃小。在生产上可以根据密度的数值来评定退火的质量。

(8)玻璃的热膨胀

玻璃的热膨胀玻璃的热膨胀是玻璃的重要性质之一。它对于玻璃的成形、热加工、封接与热稳定性,都具有重要意义。也可以用玻璃的热膨胀系数作为控制生产工艺的指标。

物质中总有热能存在,每个粒子都在振动。温度升高时,热能增大,粒子振动的振幅也随之增大。由键力相互结合的两个原子之间的距离也随之增大,显示出膨胀现象。冷却时与之相反,产生收缩。

二、陶瓷包装材料的特性

陶瓷是古老的包装容器之一。用黏土、砂子等原料制陶的工艺是我国古代劳动人民的一项伟大发明。公元前 200 年,我国就有了陶瓷制品,后来远销世界各地并闻名于世。陶瓷包装原材料丰富,成型工艺简单,价廉物美。经过彩釉装饰的瓷器,不但外观漂亮而且气密性增强,提高了对内装物的保护作用。许多陶瓷包装本身就是一件精美的工艺品,在其内装产品用完之后,仍有观赏及重复使用的价值,所以至今陶瓷包装仍是富有民族传统的、应用广泛的包装容器。

(一)陶瓷包装材料的优点与缺点

陶瓷材料它以抗高温、超强度、多功能等优良性能在新材料世界独领风骚,精细陶瓷是指以精制的高纯度人工合成的无机化合物为原料,采用精密控制工艺烧结的高性能陶瓷,因此又称先进陶瓷或新型陶瓷。陶瓷包装材料也有其不足之处,即陶器在外力的撞击下容易破碎,笨重,尺寸精度不够高。以下分别论述。

1. 陶瓷包装材料的优点

从性能上讲,其优点也很多,如其耐腐蚀性强,能够抵抗氧化,抵抗酸碱、盐的侵蚀;耐火、耐热、有断热性;物理强度高,化学性能稳定,成型后不会变形。

陶瓷包装材料的优点如下。

(1)陶瓷包装材料硬度高、耐高温且能耐各种化学药品的侵蚀。

(2)陶瓷包装材料有特殊的光学和电学功能。

(3)陶瓷包装易于封存,且造型多样。陶瓷的造型和色彩等都富有创意,以陶瓷作为传统名产和地方特产的包装容器,可以形成古朴的产品风格,具有乡土气息。

(4)瓷器无吸水性、陶器的吸水性也很低。

2. 陶瓷包装材料的缺点

陶瓷包装材料的缺点主要体现在以下几个方面。

(1)成型与焙烧时伴随着不可避免的变形与收缩,因而给自动包装作业带来一定困难。

(2)陶瓷容器生产多为间歇式生产,生产效率低。

(3)陶瓷容器一般不再回收复用,因此成本较高。

(二)陶瓷包装材料的性能分析

1. 陶瓷的化学组成

陶瓷由各种基本金属氧化物组成,单元系有 SiO_2、Al_2O_3、Fe_2O_3、CaO、MgO、MnO_4、TiO_2、ThO_2、La_2O_3;二元系统与三元系统最多,还有碳化物如 SiC、TiC、B_4C 等;氮化物如 Si_3N_4、BN、TiN、AlN;氮氧化物等。

由于陶瓷的结构非常稳定,因此陶瓷对酸、碱、盐等腐蚀性很强的介质均有较强的抗蚀能力。由以上可知,陶瓷性能的特点是:具有高耐热性、高化学稳定性、不老化性、高的硬度和良好的抗压能力,但脆性很高,温度急变抗力很低,抗拉、抗弯性能差。

2. 陶瓷的矿物组成

陶瓷的矿物组成有刚玉(Al_2O_3)、莫来石($Al_2O_3 \cdot 2SiO_2$、$2Al_2O_3 \cdot SiO_2$)、白硅石、磷石英、石英、磷英石、镁黄长石、钙长石、硅铍石、尖晶石、结英石等。

3. 陶瓷的物理性能

(1)陶瓷的机械性能

①刚度

刚度由材料的弹性模量衡量,弹性模量反映结合键的强度,所以具有强大化学键的陶瓷都有很高的弹性模量,是各类材料中最高的材料,比金属高若干倍,比聚合物高 2～4 个数量级。

弹性模量对晶粒大小和晶体形态不敏感,但受气孔率的影响很大,气孔可降低材料的弹性模量。另外,温度的升高也会使弹性模量降低。

②硬度

硬度和刚度一样,硬度也决定于键的强度,所以陶瓷也是各类材料中硬度较高的,这是陶瓷的最大特点。例如,各种陶瓷的硬度多为 1000～5000HV,淬火钢为 500～800HV,聚合物最硬不超过 20HV。

陶瓷的硬度随温度的升高而降低,但在高温下仍有较高的数值。

③强度

按照理论计算,陶瓷的强度应该很高,约为 $E/10 \sim E/100$ 甚至更低。例如,普通玻璃的强度约为 70MPa,平均约为其弹性模量的 1/1 000 的数量级。

陶瓷的实际强度受致密度、杂质相各种缺陷的影响很大。热压氧化硅陶瓷,在致密度增大、气孔率近于零时,其强度可接近理论值;刚玉陶瓷纤维,因为减少了缺陷,强度提高了 1～2 个数量级;而微晶刚玉由于组织细化,强度比一般刚玉高许多倍。

陶瓷对压力状态特别敏感,同时强度具有统计性,与受力的体积或表面有关,所以它的抗拉强度很低、抗弯强度较高,而抗压强度非常高,一般比抗拉强度高一个数量级。

④塑性、韧性或脆性

陶瓷在室温下几乎没有塑性。陶瓷塑性开始的温度约为 $0.5T_m$(T_m 为熔点的绝对温度,K)如 Al_2O_3 为 1237℃,SiO_2 为 1038℃。由于开始的塑性变形的温度很高,所以陶瓷都有较高的高温强度。

陶瓷受载时不发生弹性变形就在较低的压力下断裂,因此韧性极低或脆性极高。脆性是陶瓷的最大缺点,是阻碍其广泛应用的主要障碍,是当前被研究的主要课题。为了改善陶瓷初性,可以从以下几个方面着手:第一,预防在陶瓷中特别是表面上产生缺陷;第二,在陶瓷表面造成压应力;第三,消除表面的微裂纹。目前,在这些方面已取得了一定的成果。例如,在表面加预压应力,能降低工作中承受的拉应力可做出"不碎"的陶瓷。

(2)热膨胀

热膨胀是温度升高时物质的原子振动振幅增大、原子间距增大所导致的体积变大的现象。其膨胀系数的大小与晶体结构和结合键强度密切相关。键强度高的材料热膨胀系数低,结构较紧密的材料热膨胀系数大。所以陶瓷的线膨胀系数 $\alpha=(7\sim800)\times10^{-7}/℃$,比聚合物 $\alpha=(5\sim15)\times10^{-5}/℃$ 低,也比金属 $\alpha=(5\sim150)\times10^{-7}/℃$ 低得多。

(3)导热性

导热性为在一定温度梯度作用下热量在固体中的传导速率。陶瓷的热传导主要依靠于原子的热振动。由于没有自由电子的传热作用,陶瓷的导热性能比金属小,受其组成和结构的影响,一般系数 $\lambda=(10^{-2}\sim10^{-5})W/m·K$。陶瓷中的气孔对传热不利,所以陶瓷多为较好的绝热材料。

(4)热稳定性

热稳定性就是抗热振性,为陶瓷在不同温度范围波动时的寿命,一般用在水中急剧冷却而不破裂所能承受的最高温度来表示,如日用陶瓷的热稳定性为 220℃。热稳定性与材料的线膨胀系数和导热性等有关。线膨胀系数大和导热性低的材料的热稳定性不高,钿性低的材料热稳定性也不高。所以陶瓷的热稳定性很低,比金属低得多,这是陶瓷的另一个主要缺点。

第二节　玻璃与陶瓷包装材料的分类

一、玻璃包装材料的分类

玻璃在包装设计中主要以玻璃容器的形式出现,玻璃容器可分为以下几类。

(一)按瓶口大小分类

1. 大瓶口

大瓶口又称罐头瓶,瓶口内径大于 30mm,其颈部和肩膀较短,瓶肩较平,多呈罐装或杯装。由于瓶口大,装料和出料均较容易,主要用来填装咖啡、牛奶、酱菜、糖果等包装罐头食品及黏稠物料。

2. 小瓶口

小瓶口是瓶口内径小于 20mm 的玻璃瓶,多用于包装液体物料,如汽水、啤酒等。

(二)按瓶子几何形状分类

1. 圆形瓶

瓶身截面为圆形,是使用最广泛的瓶型,强度高。

2. 方形瓶

瓶身截面为方形,这种瓶强度较圆形瓶低,且制造较难,故使用较少。

3. 曲线形瓶

截面虽为圆形,但在高度方向上却为曲线,有内凹和外凸两种,如花瓶式、葫芦式等,样式新颖,很受用户欢迎。

4. 椭圆形瓶

截面为椭圆,虽容量较小,但形状独特,用户也很喜爱。

(三)按用途进行分类

1. 酒类用瓶

我国酒类产量极大,几乎全用玻璃瓶包装,以圆形瓶为主。

2. 日用包装玻璃瓶

通常用于包装各种日用小商品,如化妆品、墨水、胶水等,由于商品品种很多,故其瓶型及封口也是多样的。

3. 罐头瓶

罐头食品种类多,产量大,故自成一体。多用广口瓶,容量一般为 0.2~0.5L。

4. 医药用瓶

这是用来包装药品的玻璃瓶,有容量为 10~200ml 的棕色螺口小口瓶、100~1000ml 的输液瓶等。

5. 化学试剂用瓶

用于包装各种化学试剂,容量一般在 250~1200ml,瓶口多为螺口或磨口。

(四)按色泽分类

有无色透明瓶、白色瓶、棕色瓶、绿色瓶和蓝色瓶等。

(五)按瓶颈形状分类

分为有颈瓶、无颈瓶、长颈瓶、短颈瓶、粗颈瓶和细颈瓶等。

二、陶瓷包装材料的分类

(一)按质地分类

1. 土陶器

土陶是一种没有充分烧结、胎骨疏松、断面粗糙的制品，成品一般呈土红色或青灰色。主要有瓦盆、瓦罐、瓦瓮、玻璃盆等，也有称土陶制品为土缸、土盆、土罐或泥缸、泥盆、泥罐的。

2. 粗陶器

粗陶器具有多孔、表面较为粗糙，带有颜色和不透明的特点，并有较大的吸水率和透气性，主要用做缸器。粗陶坚硬，一般内外施釉，有花纹图案装饰。

3. 细陶器

细陶胎薄质坚，抗折强度达 85MPa，结构致密，成品的吸水率较粗陶低。造型优美，釉色多样。细陶的品种主要有坛、罐、壶、盘、杯以及各式花瓶、花盆等。

4. 精陶器

精陶器又分为硬质精陶(长石质精陶)和普通精陶(石灰质、镁、熟料质等)。精陶器较粗陶器精细，坯白色，气孔率和吸水率均小于粗陶器，石灰质陶器吸水率为 $18\%\sim22\%$，长石陶器吸水率 $9\%\sim12\%$，它们常用做坛、罐和陶瓶。

精陶韧性较好，胎骨为白色或浅灰白色，做餐具、茶具、咖啡具、啤酒杯等更适于较大的饰店和餐馆使用,特别是使用洗碗机清洗时,破损率比瓷器低。

5. 瓷器

瓷器比陶器结构紧密均匀,且均为白色,表面光滑,吸水率低(0%~0.5%),极薄瓷器还具有半透明的特性。瓷器主要做瓷器包装容器,也有极少数瓷罐。按原料不同,瓷器又分长石瓷、绢云母质瓷、滑石瓷和骨灰瓷等。

6. 炻器

炻器是介于瓷器与陶器之间的一种陶瓷制品,有粗炻器和细炻器两种,主要用做缸坛等容器。除此之外,还有金属陶瓷与泡沫陶瓷等特种陶瓷。金属陶瓷是在陶瓷原料中加入金属微粒的一种陶瓷,所加入的金属微力有镁、镍、铬、钦等,制出的陶瓷兼有金属的韧而不脆和陶瓷的耐高温、硬度大、耐腐蚀、耐氧化性等特点。泡沫陶瓷是一种质轻而多孔的陶瓷,其孔隙是通过加入发泡剂而形成的,具有机械强度高、绝缘性好、耐高温的性能。这两类陶瓷均可用于特殊用途和特种包装容器。

7. 紫砂陶器

紫砂陶器是我国的独特的传统工艺,色泽呈紫红色,所以称为紫砂陶器。质地细腻柔和,渗透性良好,吸水率2%~4%。

(二)按器形和用途分类

1. 缸

敞口,造型为上大下小,内外施釉,属大型容器。缸是日用陶器中的大宗产品,约有300多个产品。规格分为特型、大型、中型、小型几种,容水量250L以上的特型,150~249L的为大型,25~149L的为中型,24L以下为小型。缸的造型、规格因产地的条件和传统使用习惯而不同。

缸的用途：大缸主要用于农村储粮、浸种，工厂用于酿酒、制酱。中小缸主要供家庭用作盛水、腌菜、储放粮食的容器。其他品种的缸很多，用途也广，有供包装皮蛋的龙缸、晒酱用的酱缸，以及茶缸，等等（图5-1）。

图 5-1　陶瓷缸

2. 坛

造型为上下两头小中间大，在外表面可制作结构性附件，便于搬运，是一种可封口且容积较大的容器。

坛在江南一带称瓮，广东叫埕。坛的造型为口径一般较小，存放物品之后容易封口，便于包装运输。按用途分，有榨菜坛、泡菜坛、酒坛、腐乳储粮坛、酱油坛等。酒是挥发渗透性强的液体，因此，酒坛的胎质细、釉层厚，小口大肚，易于密封。使用酒坛储酒不渗漏，久置不走味，不变质，挥发少。腌菜坛造型有大口、中口、小口的。坛的规格很多，最大的酒坛可容酒350L（图5-2）。

图 5-2　坛

3. 罐

罐在造型上与坛相像，也是上下两头小中间大，可封口，如耳、环等，但容积较小。罐的口径一般较大，多数无肩无颈，敞口，扁圆唇，肚壁较直，小平底，罐大多数都有"系"（也称作"鼻"或"耳"），适于穿绳提携。"系"成对称排列，如汤罐上部两侧有耳，可系绳提走，用于盛饭、装粥，便于携带。罐的种类很多，造型、装饰及用途各不相同（图 5-3）。

图 5-3　罐

4. 瓶

瓶是一种长颈、口小体大的容器，主要用于酒类的包装。

瓷瓶坯体被烧结，其结构组织致密，无吸水性，多数用于装酒。如我国中外驰名的贵州茅台酒瓶等均用瓷瓶作包装容器（图 5-4）。

图 5-4　贵州茅台

第三节　玻璃与陶瓷包装材料的加工技术

一、玻璃包装材料的加工技术

(一)玻璃包装材料的原料选择

一般在选择使用包装玻璃原料时,应当考虑以下因素。

(1)基本原料规格符合要求,且质量稳定。原料的化学成分、矿物组成、颗粒度都要符合规定的要求。首先是原料的化学成分必须符合包装玻璃的质量要求。有害杂质,特别是 Fe_2O_3 的含量,一定要在规定的范围之内。对于五色包装玻璃来说,硅砂中 Fe_2O_3 的含量必须小于 0.05%;淡青色瓶罐玻璃的 Fe_2O_3,含量小于 0.3%;而暗绿色瓶罐玻璃的 Fe_2O_3 含量可以在 0.5% 以上。其次是化学成分和颗粒度要比较稳定。

(2)便于加工处理。尽量选用方便加工处理的原料,如硅砂和砂岩,以降低生产成本。硅砂质量合乎要求时就不选用砂岩,因为硅砂一般经过筛分和精选就可以应用,而砂岩要经过粉碎、过筛除铁等过程,其生产设备和生产成本都较高。有的石灰石和白云石含 SiO_2 多、硬度大,增加了加工处理费用,所以应尽量采用含 SiO_2 少,且硬度较小的石灰石和白云石。

(3)价格低,供应保证程度高。要尽量选择距离厂区较近、交通便利、开采成本低和含有大量矿藏的原料。根据玻璃的质量要求,选用最经济的原料。不可将较好的原料应用于质量要求不高的玻璃包装制品。

(3)减少污染环境和对人体有害原料的使用。包装玻璃中经常使用白砒为澄清剂,如能采用其他澄清剂,则尽量不用白砒,如必须使用时,要注意劳动保护并按有关法规妥善保管。由于萤石能排放氟化物气体,对大气污染严重,因此最好不用。

(二)玻璃瓶罐的加工及增强处理技术

1. 烧口

为了提高瓶口的质量,消除微裂纹等缺点,保证密封,对于盛装有内压力的瓶罐如啤酒瓶、汽水瓶,常在制瓶机的钳瓶处或在输瓶机上对瓶口进行火焰抛光。

2. 印花

用网印印花机将玻璃釉彩印在瓶罐表面,然后在烤花窑中进行烤花,使釉彩固着,以进行瓶罐的彩色招贴。

3. 钢化处理

为了提高玻璃瓶的机械强度和热稳定性,将瓶罐进行钢化处理。瓶罐从制瓶机取出之后,立即送入钢化炉内均匀加热到接近于玻璃的软化温度,然后进入钢化室,用多孔喷嘴向瓶罐内外喷射冷却空气,使瓶罐快速冷却得到均匀的压应力分布。

4. 离子交换处理

离子交换处理又称化学钢化处理,通常是将瓶罐置于熔融的硝酸钾中,使离子半径较大的钾离子(K^+)置换玻璃中离子半径较小的钠离子(Na^+),使表面发生压挤,从而形成均匀的压应力,使瓶子强度提高,重量也比原来的玻璃瓶减轻。这种瓶可用做酱油、番茄酱、果汁等的容器。

5. 表面涂层处理

玻璃表面的微裂纹对玻璃强度的降低有很大的影响,将玻璃进行表面涂层处理,可以消除与减少表面裂纹或防止表面裂纹的产生,使瓶罐的张度增加。表面涂层分热端涂层和冷端涂层两种。

热端涂层是在瓶罐成形后送入退火炉之前进行的。采用低温下蒸汽压高、分解温度也较高(350℃以上)的无毒锡和钛的氯化物,常用氯化锡($SnCl_2$)或氯化钛($TiCl_4$)的蒸汽喷射到热的瓶罐上,经分解、氧化形成氧化锡或氧化钛的薄膜。

冷端涂层是在瓶罐退火以后的涂层,一般采用单硬脂酸、聚乙烯、硅烷、聚硅酮等,用喷枪喷雾附着在瓶罐上,形成抗磨损和具有润滑性的保护层。

通常玻璃瓶罐的表面涂层处理是热端涂层和冷却涂层同时结合进行的。

6. 加塑料套

加塑料套是将热络性的塑料薄膜或发泡塑料薄膜包在瓶子上面起保护作用,维持新瓶子的强度。这种塑料薄膜不易划伤,能防震,有隔热作用,并可印刷商标。

(三)玻璃包装容器的配料

玻璃瓶罐笨重,用于包装带来运费高的缺点,因此轻量化引起玻璃包装工作者的重视。自 1930 年以来,世界各地开始这项研究工作,开始是从瓶型的改进来使瓶重减轻,到了 20 世纪 70 年代,随着科学技术的发展及玻璃制造技术的提高,对薄壁瓶进行了全面研究,目前已取得了巨大的成果。

轻量瓶较一般玻璃瓶轻 15%～40%,其重容比(重量与容积之比)在 0.4～0.8 之间。轻量瓶的玻璃组成和普通玻璃瓶罐一样,一般为含 Al_2O_2 和 MgO 的 $Na_2O—CaO—SiO_2$ 系统,同时也能满足玻璃瓶罐的使用要求,且价格低廉。这就要求原料和配合料的质量稳定,并严格进行生产控制,也要考虑瓶型的设计。一般形状愈复杂,应力愈集中,强度愈小;愈接近于球体的,应力集中愈小,强度较大;横断面愈接近圆形的圆筒,其强度愈高。因此轻量瓶的瓶身一般采用圆筒形,瓶肩要圆滑过渡,瓶颈要短,瓶的底部和瓶身处要适当收缩,而且底部中央向上稍许凸出一些,这样不仅是为了瓶子的稳定性,对防止擦伤也起很大作用,对抗内压力与水冲击的意义更大。此外,设计时,尽量使瓶罐的重心向下,增加其稳定性,使瓶子不易歪倒。以下详细进行分析。

配方设计、原料成分、粒度、水分、配合料均匀度、碎玻璃的质量及加入均匀性都对产品质量有直接影响。做好配料工作是实现轻量化生产的第一步。以下几点有利于配料工艺的实施。

(1)执行稳定的配方。对一批产品,有时有多个可供选择的配方,各配方本身无明显好坏之分,改进配方计算出来的效益数字有时仅仅是理论值,实际执行效果并非一定如此。因此,执行配方一旦确定,不要轻易更改,否则,一旦步入频繁变化配方以求解决某种质量缺陷的怪圈,产品质量也就失去了稳定的基础。

(2)制定、严格执行原料标准。原料标准。对 SiO_2,Al_2O_3,R_2O,Fe_2O_3 的含量要明确规定,在执行中对原料做好小样化验合格订货,批量化验合格入库,批量化验不合格退货或降价处理的程序。

(3)配合料制备工艺制度化。用配合料制备工艺制度规范进料位置选取、过筛、称量、混料时间、料池存放次序、碎玻璃加入等配料过程。

例如青岛晶华玻璃厂在高档出口饮料瓶生产的称量与精度上,按照制造工艺,配合料的配料精度要求十分严格,配料系统的电子秤动态精度应达到 1/500,静态精度达到 1/1000,并采用计算机控制技术,确保配料质量。

(四)玻璃包装容器的熔制

熔制是将混合后的原料投入熔化池(窑炉)内,在 1550℃左右的高温下,经过复杂的物理、化学过程,熔化成黏稠、均匀的硅酸盐熔体——玻璃液。玻璃液流经一个较长的通道,在那里,玻璃液被精确调节到适合成型的温度。

1. 熔制过程

玻璃的熔制工艺是玻璃生产过程中最为关键的一环,其目的是将配合料经过高温加热形成均匀的、无气泡(把气泡、条纹和结石缺陷减少到容许限度),并符合成型要求的玻璃液。玻璃熔制是一个非常复杂的过程,它包括一系列的物理的、化学的变化和反应。通过这些变化和反应,使均匀混合的配料形成复杂的熔融物即玻璃液。

玻璃熔制过程大致可分为五个阶段:

(1)硅酸盐形成阶段

这个阶段在 800℃～900℃ 完成。硅酸盐的形成反应在很大程度上是固体状态下进行的,配料中的各组分在加热中经过一系列的物理和化学变化,结束了主要的固相反应,大部分气态产物逸散,到这一阶段结束时,配合料变成了由硅酸盐和 SiO_2 组成的不透明烧结物。

(2)玻璃形成阶段

玻璃形成阶段的温度为 1200℃～1250℃ 之间。烧结物继续加热时即开始熔融。易熔的低共熔混合物首先开始熔化,原先形成的硅酸盐与 SiO_2 相互扩散与溶解。这一阶段结束时,烧结物变成了透明体,再没有未起反应的配合料颗粒。但此时的玻璃带有大量的气泡、条纹,在玻璃液的化学成分上是不均匀的。

(3)澄清阶段

澄清阶段的温度在 1400℃～1500℃,黏度为 1Pa·s。澄清时玻璃的黏度维持在 10Pa·s(100P)左右。玻璃液继续加热,其黏性进一步降低,并放出玻璃中的气体,直到可见气泡基本排除。

(4)均化阶段

温度稍低于澄清阶段。当玻璃液长时间地处于高温下,其化学组成就逐渐趋向均化。玻璃液中的条纹由于扩散、溶解而消除。

(5)冷却阶段

使玻璃液冷却温度下降 200℃～300℃,黏度增加到可以向供料机供料所需的数值(100Pa·s),冷却后的温度约为1200℃。

将已澄清和均化的玻璃液降温,使玻璃液具有成型所需的黏度,在冷却阶段中,以不损坏玻璃的质量为前提。

玻璃熔制过程中的五个阶段,互不相同,各有特点,但又彼此相互密切联系和相互影响。在实际熔制中,常常是同时进行或交错进行的。熔制的五个阶段,在窑炉中是在不同空间、同一时间内进行的。在坩埚炉中是在同一空间、不同时间内进行。

需要注意的是,窑炉运行工艺指标要稳定,熔化温度波动不超过10℃(发生炉煤气为燃料,辐射镜),液面波动不超过0.5mm,窑压波动不超过2Pa,防止窑炉空间冒火,从而防止结石、色彩、外观、强度等质量问题。青岛晶华玻璃厂在出口轻量化饮料瓶生产中,对分配料道温度和玻璃液面的波动分别控制在了±2℃以内及±0.2mm以内,精度要求非常高。

2.熔制设备

玻璃熔制过程的5个阶段是在逐步加热情况下进行研究的。实际上,熔制过程采用连续作业,这5个阶段是在熔炉的不同部位进行的,以便分段控制准确的熔制温度。图5-5所示为熔制瓶罐玻璃的玻璃熔炉。现在都推广和改进窑型和燃油窑炉,使用高温、宽截面、大型的辊道式马蹄焰熔炉。对窑炉实行全保温、炉底鼓泡、电助熔、窑坎、热工参数使用计算机控制等一系列措施,使熔化率达到1.5～2.0tm,能耗平均下降20%～25%,热效率从30%提高到40%。在此基础上,推广窑炉余氧燃烧技术还可以节约燃料30%～70%,并使玻璃熔化质量明显提高。

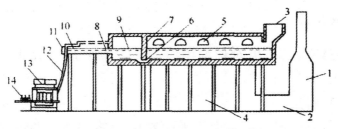

图 5-5 熔制瓶罐玻璃的玻璃熔炉

1—烟道;2—隧道;3—料斗;4—蓄热室;5—火焰喷射口;6—流液洞;7—挡火墙;
8—供料槽;9—澄清池;10—供料机;11—料碗;12—料滴;13—行列制瓶机;14—制品

(五)玻璃包装容器的成型加工技术

原料熔制成玻璃液后经过制瓶机或拉管机制成有固定几何形状的制品。在成型时,玻璃除做机械运动外,还同周围介质进行连续的热传递,由于冷却和硬化,玻璃由黏性液态转变为可塑态,然后再变成脆性固态。黏度及其随温度的变化,表面张力、可塑性、弹性等玻璃的流变性质及它们随温度的变化,在成型过程中都是至关重要的。

1. 成型过程

玻璃容器的成型,是熔融的玻璃液在一定的温度范围内转变成为具有固定几何形状的瓶罐制品的过程。成型时,玻璃液以勃性液态转变成为可塑态,最后转变成为脆性固态。这种过程受到传热过程的制约,与玻璃本身及其周围介质的热物理性质,即比热、导热率、透热性、传热系数等有关。

可分为两个阶段:第一阶段为成型阶段,它赋予制品以一定的几何形状;第二阶段为定型阶段,把制品的形状固定下来。这两个阶段是连续进行的,第二阶段是第一阶段的延续。影响成型的主要因素是玻璃的流变性,即黏性、表面张力、可塑性、弹性以及这些性质的温度变化特征;而决定玻璃定型的因素是玻璃的热性质以及在周围介质影响下的玻璃硬化速度。

2.成型方法

玻璃容器是简单对称的中空制品。主要成型方法有吹制法和拉制法。

(1)吹制法

最早,玻璃容器都是由人工吹制成型的。现在的成型主要是在制瓶机上完成。吹制法可分以下几类。

①人工成型

人工成型以中空铁管作为吹管,在熔融的玻璃液中蘸料,经过滚压后吹成料泡,然后在成型模中吹成瓶身,再加工完成瓶口,如图5-6所示。人工成型的特点是:瓶口尺寸不准确而且长短不一,劳动生产率低,劳动强度大。因此,这种方法逐渐被淘汰,现在只用于制造一些大容积或特殊形状的玻璃容器。

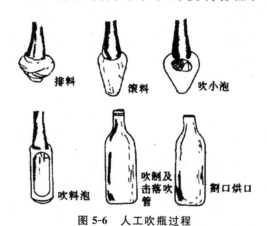

图5-6 人工吹瓶过程

②半机械化成型

半机械化成型方法和人工成型方法最大的不同是先成型瓶口,再成型瓶身,并且用压缩空气代替人工口吹,但挑料和剪料仍然是人工操作。剪切的玻璃料滴入雏形模中,用冲头压成瓶口和料泡,或者用补气和倒吹气的方法形成瓶口和吹成料泡,然后将口模连同料泡放入成型模中,吹成瓶子。前者称为压—吹法,适用于生产大口瓶;后者称为吹—吹法,适用于生产小口瓶。

压—吹法和吹—吹法的成型过程如图5-7、图5-8所示。

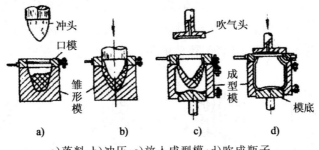

a)落料;b)冲压;c)放入成型模;d)吹成瓶子

图 5-7 压—吹法制瓶

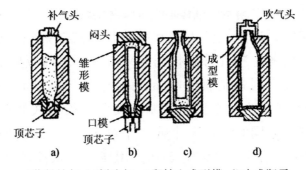

a)落料补气;b)倒吹气;c)翻转入成型模;d)吹成瓶子

图 5-8 吹—吹法制瓶

③机械化成型

机械化成型有如下几个环节：

a. 供料 在机械化成型中,如何将玻璃液连续不断地、定时地供给成型机,是一个必须首先解决的问题。玻璃瓶成型的供料方式,可分为真空吸料和滴料两大类。

真实吸料。在真空作用下,用吸料头在玻璃熔窑中吸取一定量的玻璃液,再转入到雏形模中制成雏形,或者用雏形模直接在玻璃液中吸料制成雏形。这种供料方法的优点是玻璃液的质量恒定,温度均匀性好,成型的温度高,玻璃分布均匀,制品的质量较好。但是,由于真实吸料制瓶机存在着体积大、占地多,雏形模使用寿命短,供料转炉燃料消耗大等缺点,所以,现在这种供料方法已很少被采用了。

滴料供料。该方法是使池窑中的玻璃液由料道流出,并使之达到成型所要求的温度,再由供料机制成一定质量和一定形状的料滴,然后经导料器送入制瓶机的雏形模中。滴料供料机构,主要包括料道、料道的冷却和加热系统、料盆、供料机与导料器等。滴料机的料滴形成过程如图 5-9 所示。

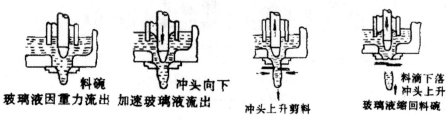

图 5-9　滴料供料机的料滴形成过程

b.制瓶机。制瓶工业大多数采用行列式制瓶机,又称 I.S 制瓶机。它是由各个独立分部排列起来组成。目前应用最广的为 6 分部和 8 分部行列式制瓶机,它的每一个分部都具有一个雏形模和成型模,可以成为一个完整的制瓶设备。行列式制瓶机可以用双滴料或三滴料同时生产两个或三个制品,行列式制瓶机用吹—吹法生产小口瓶的过程见图 5-10。用压—吹法生产大口瓶的过程见图 5-11。

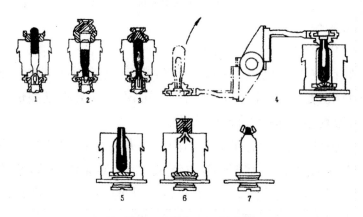

1—落料;2—补气;3—倒吹气;
4—初形模料泡翻转;5,6,7—重热和伸长

图 5-10　行列式制瓶机吹制小口瓶的过程

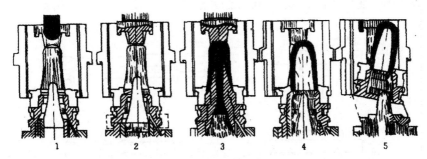

1—落料；2—闷头堵塞；3—顶应；
4.—切形模微开、重热；5—初形模料泡开始翻转

图 5-11　行列式制瓶机吹制大口瓶的过程

c.模具 玻璃容器主要是在成型模中成型的，模具的质量和传热性能等，与制品的质量和产量密切相关。模具的质量及热传递，取决于模型的材料与制造工艺及其使用情况。这里不多赘述。

（2）拉制法

医用安瓿瓶、抗菌素瓶、注射器等玻璃制品，应具备优良的抗水、抗酸、抗碱性；并要求在一定温度下加热或长时间贮存中性溶液时，溶液的 pH 值不变。此种玻璃称为中性玻璃，或称硼酸盐玻璃（含 B_2O_3，在 6% 以上）。加工成医用小瓶的方法是先拉管、后制瓶。

拉管的方法如图 5-12 所示。熔化的玻璃液经流料槽和供料机调节温度，使黏度约为 $10^{2.5}$ Pa·s 左右，然后成带状落于耐火材料制成的旋转筒上，筒与水平成 15°～20° 的倾角，并放置于马弗炉中。玻璃带缠绕在旋转筒上，由于重力和旋转逐渐向下流淌。马弗炉温度低于玻璃温度，因此玻璃散热黏度逐渐增大到 10^4 Pa·s 左右。在旋转筒表面逐渐形成均匀的玻璃层。随着玻璃层被牵引和空心轴中吹入 600～1200Pa 的压缩空气，便形成玻璃管。调节水平放置的牵拉装置的线速度可以得到不同的管径（几 mm 至 40mm）和壁厚 0.30～0.4mm 的玻璃管。

经过冲洗、干燥后的玻璃管在安瓿机上以水煤气烧嘴加热，经过肩部成形、拉细、切断等操作加工出成品，经退火后即可作为包装注射剂的安瓿瓶（制造过程详见图 5-12）。安瓿瓶管外径为 9

~27mm,壁厚0.4~0.7mm之间。

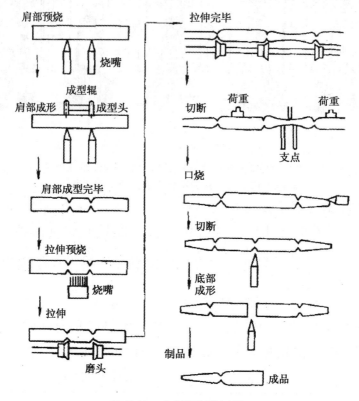

图 5-12 安瓿瓶制造过程

3. 成型控制

玻璃液生成玻璃制品的过程可以分为成型和定型两个阶段。成型是赋予制品以一定的几何形状,定型是制品的形状固定下来。玻璃的成型和定型是连续进行的。在成型过程中,需要控制玻璃的黏度、温度,以及通过模具向周围介质的热传递。玻璃容器通常从三个特征温度值来控制成型操作:软化温度、退火温度和应变点。由这三个温度确定的成型操作参数由下列经验公式表示:

成型范围指数＝软化温度－退火温度

相对料滴温度＝2.63×成型范围指数－退火温度

相对机速＝(软化温度－450)/(成型范围指数＋80)

黏度在玻璃制品成型中起着重要作用,黏度随温度的下降而增大的特征是玻璃制品成型和定型的基础。在玻璃生产工艺中,不同的阶段都有特征的黏度值及对应的特征温度。鉴于玻璃生产的需要,往往把这些特征黏度值对应的特征温度作为工艺参数和监测工艺过程的操作点加以控制,从而保证产品的质量和生产顺利进行。

(六)玻璃包装容器的退火技术

玻璃容器在成型过程中,玻璃与模具接触,表面受到急冷,出模后,为了防止变形,其冷却速度一般也比较快,导致在内外层产生了温度差,收缩不一致,从而产生了内应力,至室温后外表面为压应力,内表面为张应力。由于容器的厚度不均匀,各部位冷却的情况也不一样,应力是不均衡的。这使得容器的机械强度和热稳定性大大降低,甚至会自行破裂。因此,在生产上必须将玻璃容器进行退火,以消除残余应力。

1. 玻璃的退火温度

玻璃没有固定的熔点,当从高温继续冷却时,要经过液态转变到脆性固态的转变温度区。

在转变温度 T_g 以下的相当温度范围内,玻璃的结构基团仍然能够进行位移,可以消除玻璃中的热应力,称为退火温度范围。由于这时玻璃的黏度值已相当大,其外形的改变几乎测不出来,其相应的黏度范围为 $10^2 \sim 10^6 \, Pa \cdot s$。化学组成不同的玻璃其退火温度也不同。一般玻璃容器的退火温度为 520℃～600℃。另外,玻璃的退火温度还分为最高退火温度(即退火上限温度)和最低退火温度(即退火下限温度)。最高退火温度是指在此温度下经过三分钟能消除应力 95% 时的温度,其黏度为 $10^2 \, Pa \cdot s$。最低退火温度是指在此温度下三分钟能消除应力 5% 时的温度,其黏度为 $10^{14.5} \, Pa \cdot s$。

2.玻璃容器的退火工艺

玻璃容器的退火包括加热、保温、慢冷却及快冷却四个阶段，如图 5-13 所示。

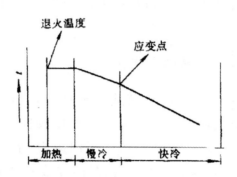

图 5-13　玻璃容器退火的各阶段

(1)加热阶段。玻璃容器成型后便立即进入退火炉，称为一次退火。有的制品在完全冷却后再进行退火，称为二次退火。

玻璃容器首先在炉内加热到退火温度，一次退火的加热速率不能超过 $\frac{130}{\alpha^2}$ C/min，α 是玻璃容器的壁厚，单位为 cm。二次退火，即冷容器的加热速率为 $20/\alpha^2 \sim 30/\alpha^2$ C/min。

(2)保温阶段。玻璃容器加热到退火温度后，应当在此温度下继续保温，使各部分的温度均匀以消除残留应力。在这个阶段应当确定退火温度和保温时间。玻璃的退火温度可以根据化学组成计算其黏度为 10^{12} Pa·s 的相应温度，作为玻璃的最高退火温度，考虑到容器的壁厚，选取实际的退火温度比最高退火温度低(20~30)℃。也可通过实践求出最合适的退火温度。保温时间可根据下式计算：

$$t = 102\alpha^2$$

式中 α 是容器的壁厚，单位为 cm；保温时间的单位为 min。

(3)慢冷阶段。容器经过保温后，开始冷却的速度用下式计算：

$$V = \frac{\Delta n}{13\alpha^2}(\text{C/min})$$

式中 △n 是容器允许的永久应变,单位为 nm/cm;α 是容器的壁厚,cm。

温度按每 10C 为一个等级连续下降,每个等级的冷却速度分别为开始冷却速度 V,乘以系数 1.2,1.5,1.9,2.5,3.3,4.5,6.1,8.5 等。即由开始冷却下降 10℃ 时,其冷却速度为 V×1.2,下降 20℃ 时,其冷却速度为 V×1.5;下降 30℃ 时,其冷却速度为 V×1.9 等等。

(4)快冷阶段温度下降到应变点以下时,玻璃中只产生暂时应力,不致再有永久性应力。因此冷却速度可以快些,以缩短退火时间,节约燃料消耗,提高生产率。但是不能使冷却时所产生的暂时应力超过玻璃的强度极限。对于厚度大于 5mm 的制品,其冷却速度为:

$$V=\frac{10}{\alpha^2}(C/min)$$

对于厚度小于 5mm 的容器,可按 2.5℃/min 的速度冷却。

3. 玻璃容器的退火炉

玻璃容器的退火,多采用连续式网带退火炉,连续式退火的炉体是隧道式的,网带为耐热合金制成。温度沿炉的长度上的分布是按制品的退火工艺:加热、保温、慢冷、快冷各阶段来控制,玻璃容器从入口处进入,从退火炉的末端取出,完成了整个退火过程,生产可以连续化和自动化。连续网带退火炉的形式很多,常用的有以下几种。

(1)直火式退火炉。这种退火炉是在半马弗炉底加热,又称为半马弗式退火炉。中小型工厂常多采用。加热所用的燃料为气体或重油。玻璃容器被燃料燃烧后产生的热气流所包围,所以热效率高,应力的消除也好。由于容器直接与燃料燃烧产生的气体接触,燃料中的硫容易与玻璃表面的碱金属氧化物反应,生成一层白色的硫酸盐粉末,称为"挂霜"。挂霜后的容器虽然化学稳定性得以提高,但在出厂时要增加一道水洗工序。因此在产量较大的生产线上,已不采用这种退火炉。

(2)马弗式退火炉。这种退火炉的燃烧室设在炉顶上部,燃料燃烧产生的气体由马弗壁下面的通道到慢冷带末端排出。容器被通过马弗壁的热气流间接加热,因而可以采用价格比较便宜的重油为燃料,但热效率低。

(3)炉顶辐射喷嘴式退火炉。在炉顶内表面设有许多小型辐射喷嘴,将喷嘴砖烧热。因为由热的喷嘴砖对容器辐射加热,所以在加热保温、精密温度控制等方面效果较好,而且炉体形状简单,可以使用陶瓷纤维等轻质保温材料,从而降低造价和节省燃料。

(4)强制对流式退火炉是现代常用的退火炉。它的加热方式有直接加热和使用弧形罩的间接加热两种。为了使炉内气体进行强制循环,促进对制品的对流传热,在炉顶或侧面设置风机。气流或由上向下或由下向上进行循环,通常在长度方向上适当地分成循环区段,在每个区段中都设置了燃烧喷嘴、风机和温度调节装置。

(5)电加热远红外线退火炉。对能放射远红外线的发热板通电,使之发出加热效率高的 0.7~50nm 的远红外线。这种大型加热板配置在加热带、保温带、慢冷带的上部和下部将容器加热。远红外线退火炉比单纯用电加热的退火炉能够节省电力 30%,没有噪音,没有硫氧化物、氮氧化物等有害气体,生产可以全部自动化。

(七)玻璃包装的成形缺陷

(1)裂纹。裂纹是玻璃包装瓶最普遍的缺点。它可能非常细,有些只有在反射光中才能发现。经常产生的部位是瓶口、瓶颈和肩部,瓶身和瓶底部也常有裂纹产生。

(2)厚薄不匀。这是指玻璃包装瓶上的玻璃分布不均匀。主要是玻璃料滴温度不均匀,温度高的部分黏度小,容易吹薄;温度低的部分阻力大,较厚。模型温度不均匀,温度高的一边玻璃冷却慢,容易吹薄,温度低的一边,因玻璃冷却快而吹厚。

(3) 变形。料滴温度和作业温度过高,由成型模脱出的包装瓶尚未完全定形,往往会下塌变形。瓶的底部尚软时会印上输送带的纹痕而使瓶底不平。

(4) 不饱满。料滴温度过低或模型过冷会使口部、肩部等处吹不饱满,产生缺口、瘪肩和花纹不清晰等缺陷。

(5) 冷斑。玻璃表面上不平滑的斑块称为冷斑。这种缺陷的产生原因主要是模型温度过冷,多在开始生产或停机再生产时发生。

(6) 突出物。包装玻璃瓶合缝线凸出或口部边缘向外凸出。这是由于模型部件制造不够正确或安装不够吻合而产生的。模型损坏、合缝面上有污物、顶芯提起太晚、未进入位置前玻璃料已落入雏形模中,就会使一部分玻璃从隙缝中压出或吹出。

(7) 皱纹。皱纹有各种形状,有的是折痕,有的是成片的很细的皱纹。皱纹产生的原因主要是由于料滴过冷、料滴过长、料滴未落在雏形模中间,粘连在模腔壁上而产生的表面缺点。包装瓶的表面发毛、不平,主要是由于模腔表面不光滑而造成的。模型的润滑油不清洁或涂油的刷子过脏,也会使包装瓶表面质量下降。

(8) 气泡。在成形过程中产生的气泡往往是几个大气泡或集中在一起的若干小气泡,这和玻璃本身的均匀分布的小气泡是有区别的。

(9) 剪刀印。由于剪切不良而残留在包装玻璃物上的痕迹。一个料滴常有两个剪刀印,上面的剪刀印留在底部,影响外观;下面的剪刀印留在包装瓶口,常常是裂纹的发源地。

(八) 玻璃容器的检验与质量控制

玻璃本身的检验和质量控制包括玻璃成分的分析,测定玻璃的密度、私度、软化温度、热膨胀系数、化学稳定性、结石、条纹、气泡以及颜色等。这些工作主要由化验室进行。

对于制成的瓶罐,应当测定其质量、容量、尺寸公差(瓶高、半径、瓶颈孔、壁厚、底厚等)、残余应力、耐热急变、耐内压力、耐稀酸侵蚀、冲击强度以及各种缺陷。这些工作一部分由化验室进行,一部分由车间检验站进行。有关啤酒瓶、汽水瓶、农药瓶的检验,可按国家标准或轻工业部标准进行。

二、陶瓷包装材料的加工技术

(一)陶瓷包装容器的备料

首先,原料车间按要求制备坯料。成型对坯料提出细度、含水率、可塑性、流动性等性能要求,因此,各配料的质量、配比和加水量都应严格准确。在赫土中加入适量水后赫土便具有可塑性,水分布在粒子之间的间隙处和粒子表面的空洞处。加水量对混合物性能有很大影响。水量过低,混合物之间的强度变弱易碎,因此,水量必须满足一个最低限。这一最少量的水,就是所谓的塑性极限。可以加入稍多于这个限度的水,当加入的水达到了上限,即所谓水限后,过多的水则将使黏土变湿、变稀、变勃。黏土所需水的精确数量,在很大程度上取决于黏土的类型和黏土颗粒的表面状态。

(二)陶瓷包装容器的成型加工技术

陶瓷器在焙烧与彩饰之前,需要采用不同的成型方法制成坯体。依照包装容器形状的不同,成型方法主要分为以下几类。

1.可塑法成型与加工

以手捏、雕塑、模压和滚压等方式,将泥料成型为一定形态的实体后,再进行焙烧等的加工方法称为可塑法。其工艺流程为:成型干燥→脱模→干燥→修坯→素烧→施釉→清理→检验。

制成盘、杯状的陶瓷包装容器多用滚压法,其成型方法主要有两种。

(1)盘类的陶瓷包装容器。如图 5-14 所示,泥料放入石膏制成的旋转模具 3 上,以旋转的滚压头 1 滚压呈盘状(或盖状)的坯体 2。若将图中的滚头改用刮刀,即可进行手工成型。但因其加工质量差、劳动强度高、生产率过低,在大量生产中已不多用。

(2)杯类的陶瓷包装容器。如图 5-15 所示,滚压头 1 为圆柱形,可在阴模 3 内径方向滚压呈深度较大的杯状坯体 2。

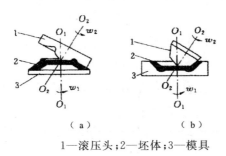

1—滚压头;2—坯体;3—模具

图 5-14　浅盘的滚压成型

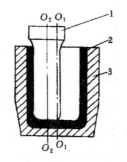

1—滚压头;2—坯体;3—阴模

图 5-15　杯的滚压成型

2. 空心注浆法成型与加工

当陶瓷容器外廓复杂或呈细颈瓶型时,有效的方法是采取注浆法成型。图 5-16 所示为整体式石膏模具,成型时在石膏模具内注满泥浆,靠近模壁处的泥浆水分被模型吸收而形成层层泥层,待泥层达到坯体所要求厚度时,再倒出多余的泥浆,坯体逐渐随模具干燥,最后脱模取出坯体。显然,坯体的外形取决于模具内壁的形状,坯体的厚度取决于泥浆在模具内停留的时间。

上述注浆法所形成坯体的厚度难以均匀,且生产效率低。采用离心注浆法,驱动模具旋转,可提高成型速度和质量。

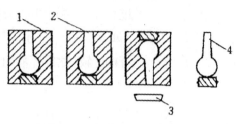

1—组合模具;2—泥浆;3—倒浆容器;4—坯体
图5-16 空心注浆成型

由于瓶状陶瓷包装容器常常在瓶身上附以装饰性的附件,如耳、环等,并且施釉要求高,因而加工工序多。其工艺流程大致为:注浆成型→干燥→脱模→修坯→施内釉→干燥→打眼接把、耳、环→施外釉,清理→检验。

陶瓷包装容器的光泽度、机械强度除与配料、焙烧有关外,成型质量起着重要作用。

3.干燥和烧成

排除坯体中水分的工艺过程称为干燥。通过干燥,坯体获得一定的强度以适应运输及修坯、粘接、施釉、烧成等加工的要求。坯体中,水分布在颗粒之间的间隙处和颗粒表面的空洞处。干燥时,间隙处的水分蒸发了,颗粒间隙缩小,坯体收缩,如图5-17所示。干燥速率很重要,如干燥过快,表面水分蒸发速度大于内部水分扩散速度,则表面先收缩,就会造成龟裂。所以必须控制表面排水速率,使它大致与坯体内部水的扩散速率相等。

在干燥以后要进行烧成。所谓烧成,是指对成型干燥后的陶瓷坯体进行高温处理的工艺过程。烧成分为以下四个阶段:

(1)低温阶段(室温～300℃)。由于干燥时不可能完全排除水分,所以烧成的第一步要排除坯体中的残余水分。

(2)分解及氧化阶段(300℃～950℃)。在600℃～800℃时,坯体矿物中的化合水要排除,故这个阶段也要把握加热速率,以

| 湿的坯体 | 半干的坯体 | 干燥的坯体 |

图 5-17　黏土颗粒收缩示意图

保坯体收缩均匀,不产生龟裂;此阶段还发生有机物、碳素和无机物等的氧化、碳酸盐、硫化物等的分解。

(3)玻化成瓷阶段(900℃～烧成温度)。上述氧化、分解反应继续进行。在900℃时原料开始熔融,即玻璃化,熔融产生的玻璃液可流动填充干燥颗粒的空隙。在这个阶段,玻璃化程度要适当,适当的玻璃化不但可以增加制品强度,还可以使制品变为半透明,表面光滑,密度增加,使多孔制品变为无孔瓷器。但过度的玻璃化易使制品在高温下变软和塌陷。玻璃化程度与组成、时间和温度有关。加入助溶剂可降低液相形成温度。此阶段结束后,釉层玻化,坯体瓷化。

(4)冷却阶段(烧成温度～室温)。冷却初期,瓷胎中的玻璃相还处于塑性状态,可快速冷却,此时由快速降温而引起的热应力在很大程度上被液相所缓冲,不致产生有害作用。但降到固态玻璃转变温度附近时,必须缓慢降温,使制品截面温度均匀,尽可能消除热应力。

不同的陶瓷制品,烧成温度相差很多,可在1000℃～1400℃之间变化。陶器通常在1100℃左右,粗陶瓷和瓷器要求更高的玻璃化,特别是瓷器,软瓷器可达1300℃,硬瓷器可高达1460℃。

一般陶瓷的烧成工艺可分为一次烧成和二次烧成两大类。一次烧成就是将生坯施釉后入窑经高温煅烧一次制成陶瓷产品的方法;二次烧成是在施釉前后各进行一次高温处理的烧成方法。二次烧成法通常有两种类型:一是将未施釉的生坯烧到足够高的温度使之成瓷,然后进行施釉,再于较低温度下进行釉烧;另一种是先将生坯在较低温度下焙烧(素烧)然后施釉,在较高温度下再次进行烧成。

(三)陶瓷包装容器的装饰加工技术

陶瓷瓶、罐作为销售包装容器时,应当注意外观与表面的修饰。其装饰方式分为两类。

1. 表面彩饰加工技术

在成型后的坯体上进行彩饰的加工技术有如下几种。

(1)施釉

施釉是熔融在陶瓷制品表面上一层很薄而均匀的玻璃质层。陶瓷制品施釉的目的在于改善制品的技术性质及使用性质,以及提高制品的装饰质量。以玻璃态薄层施敷的釉层,可提高制品的机械强度,防止渗水和透气,赋予制品以平滑光亮的表面,增加制品的美感并保护釉下装饰。釉料用量一般占烧成制品量的5%~9%。

施釉前,要对生坯或素烧坯进行表面清洁,以保证良好的釉层吸附。施釉方法有浸釉法、喷釉法、浇釉法、刷釉法和荡釉法等。在烧成时,坯体表面的釉料熔融为完全的液体,冷却以后为一层坚固的玻璃。

釉料的化学成分与玻璃相似,是硅石、硼酸等酸性化合物与氧化铝、石灰、矾土、碳酸钾(钠)等碱性化合物生成的硅(硼)酸盐。釉的种类很多,只有当釉与施釉坯体的具体性质很相近时,釉的宝贵性质才能得以利用,如陶器要施以陶釉,瓷器要施以瓷釉。在釉料中配以不同的物料,还可使釉层具有各种不同的性质,如透明釉、乳浊釉、结晶釉、无光釉等。

值得注意的是,为使陶瓷容器表面具有一定的硬度、光洁度和不吸水性,必须进行单面施釉。当包装容器阻隔性要求较高时,还可在容器内表面施釉。施釉前,用刮刀修整坯体,再用砂纸磨光(或用湿海绵体擦洗),并装上耳、环等附件。然后,采用挂釉法施釉。挂釉法是将坯体浸入釉浆中再提起,流去表面多余的釉料即完成了挂釉操作(釉料浓度极大地影响施釉的质量),最后需用毛笔对容器缺釉处进行补釉(俗称补水)。施釉方法,除挂釉法外还有浇釉法和喷釉法,它们比挂釉法施釉质量高。

普通釉料分为白釉和色釉。白色瓷器给人以洁净之感,适用于包装药品和酒类商品。色釉是在白釉中加入适量的焙烧而成的陶瓷颜料,操作较为简便,成本也不高。除可遮盖坯体上的缺陷以外,还具有良好的装饰效果。目前,新型陶瓷颜料和色釉的品种不断出现,因而可制作出五彩缤纷的陶瓷包装容器。

(2)光泽彩

此种装饰方法是用毛笔或喷洒器具,将金属或其氧化物的微粒薄薄地涂敷在瓷器的釉面上,待干燥后进行彩烧。由于入射光和金属微粒上的反射光发生干涉而映现出光泽彩虹,其装饰效果堪称一绝。

(3)彩绘

在生坯体或素烧坯体上彩绘,然后施加一层透明釉再进行釉烧的方法,称为釉下彩绘。而在釉烧坯体上用低温颜料彩绘,然后在低于釉烧的温度下(600℃～900℃)彩烧,称为釉上彩绘。上述两种彩绘多是采用手工绘画,青花瓷、釉里红是我国名贵的传统釉下彩绘制品。

目前正在试验釉下贴花,即将印刷或剪制的画面或图案贴在瓷器上,再涂透明釉而后进行釉烧。

还有一种价廉、简便的装饰方法叫作贴花,它是将印有图案的塑料膜或花纸用胶直接贴在陶瓷容器的表面上。此种方法更适用于包装容器的装饰。

(4)裂纹釉

裂纹釉料的热膨胀系数要比釉烧过的大,彩烧时若采用迅速冷却的工艺,就可使刚刚涂上的釉料膜面上产生裂纹,在裂纹的缝隙处露出底釉的色彩而得到一些十分自然的花纹图案。常见的花纹有冰裂纹、牛毛纹、鱼子纹和蟹爪纹等。

(5)流动釉

瓷器表面施以易熔釉,在釉烧中因釉料过热而沿着容器表面向下流动,从而形成自然、活泼的不规则流纹,此种装饰方法最为简便易行。

(6)无光釉

当瓷器表面敷以无光釉后,对光的反射不强烈,而只在平滑凸起的表面上显出丝状的光泽,从而可以得到特殊的艺术效果。降低釉烧的温度,或用稀氢氟酸液轻度腐蚀釉面,或在釉烧后冷却时使透明釉析出微晶等方法均可获得无光釉。

(7)照相彩釉

将摄影的人像或画面,彩烧在瓷器的釉面上,此种装饰具有真实反映人物和景色的特点。

2.造型装饰加工技术

陶瓷包装容器的造型装饰,一般是在成型模具上制作出花纹来,从而使坯体外表面形成相应的花纹,因此造型装饰又可称作模纹装饰。如图5-18中瓶的近底座的外表面具有凸起的花纹,即为造型装饰实例之一。

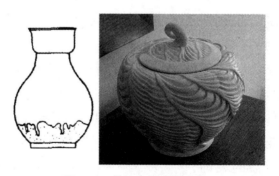

图5-18 陶瓷包装容器装饰

(四)陶瓷包装容器的检验与验收

陶瓷包装容器的检验项目主要有以下几个方面。

(1)外观与表面光洁度。陶瓷包装容器的外观、色彩、表面粗糙的检验,目前仍凭肉眼和触摸来评定。

(2)尺寸精度。陶瓷容器存在着干燥收缩与焙烧收缩,且纵向收缩比横向收缩大 1.5%～3%。泥料收缩率变化范围很大,一般由陶瓷厂测定或提供数据。

普通陶瓷产品的尺寸精度,我国规定为:口径在 60mm 以上的公差为+1.5%～-1.0%,口径在 59mm 以下的公差为±2%。高级日用细瓷容器,我国规定口径公差为+1.5%～1.0%。高度公差无规定,只要求同批产品的高度应基本一致。

(3)表面形状精度。陶瓷容器形面直线的不直与不平可用钢尺以贴切的方式检验,弧线型形面则用样板贴切检查。

(4)相互位置精度。同轴度、平行度可用百分表检验,具体指标由供需双方商定。

有关陶瓷容器的验收、包装、标志、运输和贮存的规则可参见 GB3302-82。

第四节　玻璃与陶瓷包装材料的应用

一、玻璃包装材料的应用

(一)玻璃包装容器技术开发前景

(1)阻隔紫外线的无色透明玻璃容器。其最大的特点是既能清楚地看到内容物,又可阻止外界的光线轻易透过容器而导致内容物发生变质。该产品通过在玻璃中添加能吸收紫外线的金属氧化物,同时利用颜色互补效应,再添加某些金属或其氧化物,使带有颜色的玻璃褪色实现。目前,已商品化的 UVA 玻璃一般是添加氧化钒(V_2O_5),氧化铈(CeO_2)两种金属氧化物。

(2)玻璃容器涂覆薄膜的开发。该涂覆薄膜既能遮隔紫外线,使容器的耐压强度提高40%以上,又在外观上达到了差别化的效果,厚度一般为5~20μm,还不影响玻璃容器废弃后的回收利用。

(3)生态玻璃瓶的开发。大量使用回收废玻璃,使生产能耗、废气排放大大减少。

(4)玻璃容器预贴标签的开发预贴标签良好的耐洗度、印刷性、低成本和对内装物的良好展示性受到广大用户的喜爱。

(5)绿色无铅玻璃包装材料。用于各种食品和医药包装比普通晶质玻璃更卫生、安全,而且其生产工艺与传统玻璃相同,无须另外改造生产设备和工序,生产成本也没有明显的变化,因而必将得到更大的推广和使用。

(6)微晶玻璃包装材料。微晶玻璃的力学、热学等方面的性能均得到提高,微晶玻璃是一种具有良好环境性能和经济性能的包装材料。

(7)无机抗菌玻璃包装材料。增加了消毒、杀菌、除臭等功能,成粉末喷涂在普通玻璃容器内壁,经高温固化形成抗菌薄膜,使容器具有新颖的抗菌性能,广泛应用于食品及化妆品的包装和医疗器材的包装。

(二)玻璃瓶罐的应用选择

配上一个有效的盖子后,玻璃瓶罐是良好的包装容器,用于盛装食品、调味料、牛奶、酒类及各种饮料,在很长时间内能保证质量、卫生。由于玻璃的无毒安全性,适应于婴儿食品包装,近几年来美国婴儿食品几乎全部从金属包装改成玻璃包装。除了作为婴儿食品包装外,也适于高温杀菌下的酸性食品包装,含气食品如碳酸饮料的包装。玻璃容器作为透明包装,使消费者能看清楚内容物,增强购买的信心,从而促进销售;但不适于对光敏感食品,如浅色水果中的桃子、番茄汁和流质牛奶的包装。

选用哪一种类和样式的玻璃瓶,主要从以下几个方面来考虑:被包物品的性质,玻璃瓶需要的强度、成型工艺、方便实用性、美观性等。圆柱形瓶因其强度高、成型工艺简单而在玻璃包装中用途最广、用量最大。方形、椭圆形等各种富于欣赏性的异形瓶则多用于内压强度要求不高的包装瓶。瓶口形式多种多样,其设计主要从以下几个方面考虑:被包物品的挥发性、取物方便性、易于封口性等。例如,饮料瓶——这类瓶子的瓶身直径大,瓶口小,使内装饮料与空气的接触面积减小;牛奶瓶、酸奶瓶——这类瓶子属于大口瓶,方便饮用;罐头瓶——是方便取出内装物的广口瓶,用于果酱、水果和蔬菜罐头等包装,是用量和用途最多的玻璃包装容器;5~50L手工制成的大瓶——这类瓶子瓶口小,瓶径很大,用于化学药品如酸液、碱液等的包装;磨口瓶——这类瓶子可分为磨口小口瓶和磨口大口瓶,具有很好的密封性,用于易挥发性物品如化学药品、试剂、医药品等的包装;墨水瓶——为异形瓶,其瓶形接近于扁瓶,这种瓶子的特点是把瓶倾斜放置可以用尽所装的墨水。

一般玻璃小口瓶,可用作啤酒、清酒、酱油等调味品的容器,封口多采用瓶塞、皇冠盖和螺旋盖;广口瓶用做果子酱、调料煮的鱼贝类小菜、蔬菜、速溶咖啡等的容器,封口多用螺旋盖。轻量小口瓶多用做盛装啤酒的容器;轻量强化小口瓶,可用做果汁饮料或碳酸饮料的容器;塑胶强化小口瓶,可用做可口可乐等碳酸饮料的容器。

(三)玻璃瓶的结构与型式

玻璃瓶是由口、颈、肩、腹(身)、底等部分组成,各部的特征依瓶型的不同有很大差别,因玻璃瓶的加工是连续的,且模具是金属的,因而造型的变化将受到制瓶机和模具加工的制约,与陶瓷容器相比,玻璃包装瓶的造型就显得较为单调。

作为商品销售包装的瓶型主要有两大类。

1. 窄口瓶(小口瓶)

(1)各部名称

①瓶口。图5-19中的c部为瓶口或瓶嘴;其侧面有螺纹及呈

环状凸起的加强环；其顶部为密封面,称口边。

②瓶颈。图中 d 部为瓶颈,d 部下方开始扩大的起点称为基点。因此,瓶嘴以下与基点之间的部分即为瓶颈。

③瓶肩。基点以下至最大瓶径开始点之间的过渡部分为瓶肩,即图中 e 部。

④瓶身瓶径最大的那一部分,即图中 f 部,称为瓶身。瓶身横断面的形状可有多种变化,如圆形、方形、矩形或多边形等。

⑤瓶底瓶的最下部,即图中的 g 与 h 部分。

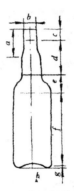

图 5-19　窄口瓶的结构

（2）常见的瓶型

①普通瓶型如图 5-20 所示。

图 5-20　普通瓶型

a.食油瓶。此种瓶型是基于灌装时可以畅通,使用时倒出的油量较少的原则而设计的,同时这样的油瓶很适于制瓶机生产。

b.矿泉水瓶。此种瓶的颈部为通用型,且瓶肩向瓶身过渡较为修长。

c. 葡萄酒瓶。瓶的高度很大,甚至颈部更长,由于瓶内空气面积最小,所以酒液可平稳地倒出。

d. 白兰地酒瓶。此种瓶型制造困难、价格高,凹穴底部的玻璃料厚度很难均匀,且退瓶复用时洗刷内底较困难。

e. 啤酒瓶。此种瓶的颈部有苹果状的凸肚,且瓶颈向瓶肩过渡处骤然收缩,这样的瓶型可使瓶内残存的空气表面减小,且在斟酒时可瞬间排出瓶内的空气而不中断液流。由于此种瓶制造困难并易出现皱纹,因而目前多用的啤酒瓶取消了颈部的凸肚。

② 异型瓶

近年来,酒、饮料和化妆品等商品的玻璃瓶包装,多采用异型瓶。瓶身横截面有圆形、椭圆形、非整圆形及各种多边形,瓶肩有平肩、折线肩及各种弧线肩,在瓶的其他部位也有所创新。如图5-21所示。

图 5-21 各种异形瓶

a. 防护瓶。瓶身带有凸起防护圈,对贴在两道防护圈中间的商标以及当瓶身倾倒时都可起到防护作用。

b. 梅花瓶。具有梅花筋的圆瓶,中部商标呈浮雕型。

c. 大肚长颈瓶。瓶身下部有矩形凸起,底部凹穴处有一缺口,用来包装时定位。

d. 锥形瓶。瓶身与瓶颈等部位均呈圆锥形。

e. 常见药瓶。瓶身近似矩形,可节省包装空间。

f. 棱柱瓶。瓶身为四面体与六面体的组合,上、下瓶身锥度相反。

g. 椭圆瓶瓶身呈带波纹槽的椭圆形,颈特短、肩较平。为保证成型时壁厚均匀,椭圆长、短之比为 $1:\sqrt{2}$ 为宜。

异型瓶不拘于成型加工与使用上的限制,充分运用造型的艺术手法来美化窄口瓶。但异型瓶成型质量差,不适于大量生产,造价较高。

2. 广口瓶

广口瓶作为加工食品的包装容器可以代替马口铁及其他非金属材质的容器。广口玻璃瓶具有阻隔性高、卫生、透明、易封口、可复用等优点。广口瓶除用作罐头瓶外,在医药、化妆品、文教用品等方面应用也很普遍。广口瓶同样也是由口、颈、肩、身、底五部分构成,只是颈部与肩部较短,底部外观不明显。

广口瓶按瓶口封闭的型式可分为:

(1) 扎口瓶

扎口瓶如图 5-22 所示。

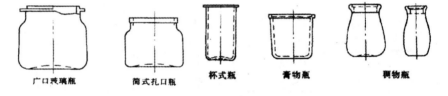

图 5-22　扎口式广口玻璃瓶

a. 简式扎口瓶。此类瓶型结构简单,仅能以一种方式用盖扎颈封口,适用于手工填装块状食品的作业方式。

b. 杯式瓶。此类瓶型从成型加工和充填商品两方面来分析都是不合理的,只是清洗方便并可作为口杯复用。

c. 膏物瓶。此类瓶型用于装填不流动的膏、脂状商品。

d. 稠物瓶。此类瓶型主要用于充填牛奶和酸奶等稠性饮料,也可用于黏度大的其他商品的包装。

(2) 螺口瓶

螺口瓶除在瓶口部侧面有成型的螺纹外,其他各部可以是各式各样的。如图 5-22 所示。

(3) 磨口瓶

磨口瓶玻璃盖与瓶口相配合,侧面是磨砂的,以增加接触面积和提高密封性能,其形式如图 5-23 所示。

图 5-23　螺口瓶和磨口瓶

(四)强化玻璃容器与轻量化玻璃容器的应用

1.强化玻璃容器的应用

强化玻璃又叫钢化玻璃。玻璃的强化技术是根据玻璃的抗压强度比抗拉强度高的原理而设计的。采用物理的或化学的方法,将能抵抗拉应力的压应力层预先置入玻璃表面,使玻璃在受到拉应力时,首先抵消表面层的压应力,从而提高玻璃的抗拉强度。例如图 5-24 所示为"胭脂红"酒包装设计。

图 5-24　"胭脂红"酒包装设计

2.轻量化玻璃容器

玻璃的强化技术与双层涂敷工艺相结合,可以开发研制出高强度轻量化玻璃容器。玻璃包装轻量化是在保证一定强度的条件下,通过减少容器壁厚从而降低重容比。在薄壁状态下要保持较高的耐压强度必须从设计到生产全过程的各个环节入手,通过玻璃成分改性、合理的结构设计、正确的工艺安排、有效的生产工艺指标控制、有效的表面处理等措施达到壁厚小、强度高的目的。在结构造型设计方面,瓶型应越接近球型越好,瓶型的线条越简单越好,各部分之间采用缓和过渡的光滑线型。轻量化是实现绿色化和经济性的必由之路,已成为玻璃包装材料发展的热点之一(图5-25)。

图5-25　轻量化包装容器

(五)优化设计手段的运用

运用优化设计,探讨玻璃的最佳瓶形,使玻璃容器的质量小而容量大,降低原料耗量。

运用现代模具设计、加工手段,生产高精度的容器模具,保证容器尺寸精度,从而保证容器强度。

运用先进的理论和现代化的手段,根据确定的瓶形的不同部位、应力大小准确设计容器各部位的壁厚,做到厚薄分明,减小质量。

例如,胡昌盛等提出分析啤酒瓶应力分布的有效方法是建立玻璃制品应力数学模型,运用三维有限元理论对各单元进行应力模拟。他们将啤酒瓶视为一子午面绕垂直轴旋转而成的轴对称模型,相对于整个玻璃制品大小,其厚度较小,因而可采用轴对称壳体理论进行应力分析。目的是通过应力分析,减小应力较小部位的厚度,增加应力较大部位的厚度,通过改变造型设计,使应力分布更加合理。

通过建立啤酒瓶应力分析数学模型,约束条件的设定和基本参数的计算,运用三维有限元求解应力的控制方程,数值模拟结果与分析表明如下。

(1)可得到啤酒瓶高度上等值线的几何高度分布。

(2)给出了在底受到支撑力和瓶口受到 r,y 方向的约束时,啤酒瓶受到 1.2MPa 时的应力分布指向。

(3)等值线外侧应力分布显示:瓶在不同高度上受力是不均匀的,在全瓶等厚为 0.3cm,瓶根部受力较大,瓶身次之,瓶颈和瓶肩受力皆较小。

(4)瓶底内、外侧应力分布显示内侧应力明显大于外侧和中处。最大应力值为 $57.19×10^7$Pa,心及边缘为全瓶应力最大,已大于给定玻璃成分的抗张强度的最大值 $53×10^7$Pa。

(5)瓶大部分区域的应力并没有超出玻璃的抗张强度,便于实现玻璃制品的轻量化,而按照应力分布进行厚度分布,在生产实际中不难于实现。

(6)通过造型设计也可以改变应力分布,使其应力分布更加均匀,以达到轻量化、最优化设计的目的。所以等厚分布玻璃制品厚度不适在生产实际中不难于实现。

(六)强化工艺及技术的运用

改进生产工艺技术,对生产过程的各环节,从原料组织、配料、熔制、成型、退火等环节都必须严格控制,采用化学的和物理的强化工艺以及表面涂层强化方法等,在提高材料的物理机械强度的前提下使玻璃容器薄壁化从而实现轻量化目的。例如,小口压吹成型、冷热端喷涂强化就是实现轻量化的先进技术,已在德国、法国、美国等发达国家广泛应用,丹东玻璃厂研制的强化啤酒瓶、青岛晶华玻璃厂研制的高档出口饮料瓶都成功地运用了冷热端喷涂强化工艺。

(七)经典案例分析——可口可乐的包装瓶

传统上可口可乐的玻璃瓶包装历来被认为是最优美的包装

设计之一,其具有传奇色彩的来历更是包装设计史上的一段佳话。

早在1898年美国鲁特玻璃公司一位年轻的工人亚历山大·山姆森在同女友约会中,发现女友穿着一套筒型连衣裙很别致,非常好看,显得臀部突出,腰部和腿部纤细。约会结束后,美丽的连衣裙造型使他突发灵感,根据女友穿着这套裙子的形象设计出一个玻璃瓶。经过反复修改,亚历山大·山姆森不仅将瓶子设计得非常美观,很像一位亭亭玉立的少女,他还把瓶子的容量设计成刚好一杯水大小。瓶子试制出来之后,获得了很好的社会评价。颇有经营意识的亚历山大·山姆森立即到专利局,为此玻璃瓶申请了专利,并取名为"山姆森玻璃瓶"。

图 5-26　山姆森玻璃瓶

当时,可口可乐的决策者坎德勒在市场上看到了亚历山大·山姆森设计的玻璃瓶后,认为非常适合作为可口可乐的包装瓶。于是他主动向亚历山大·山姆森提出购买这个瓶子的专利的要求。经过一番讨价还价,最后公司以600万美元的天价买下这个玻璃瓶专利。

要知道在100多年前,600万美元是一笔巨大的资产,为一个玻璃瓶进行如此巨大的投资,是不可思议的事情。然而实践证明,可口可乐公司这一决策是非常成功的。亚历山大·山姆森设计的瓶子不仅美观,而且使用非常便捷、安全,易握且不易滑落。更令人叫绝的是,其瓶型的中下部是扭纹型的,如同少女所穿的条纹裙子,而瓶子的中段则圆满丰硕,如同少女的臀部。此外,由于瓶子的结构是中大下小,当它盛装可口可乐时,给人的感觉是分量很多。采用亚历山大·山姆森设计的玻璃瓶作为可口可乐的包装以后,可口可乐的销量飞速增长,在两年的时间内,销量翻了一倍。从此,采用山姆森玻璃瓶作为包装的可口可乐开始畅销美国,并迅速风靡世界。600万美元的投入,为可口可乐公司带来了数以亿计的回报。山姆森玻璃瓶——一个价值600万美元的玻璃瓶,作为可口可乐的玻璃瓶包装,至今仍为人们所称道。

  这是一个经典案例,多年来一直被认为是包装设计的典范。它的成功源于两个方面。一是设计者的突发奇想和灵感,把人体美与玻璃瓶造型联系在一起,以少女的裙装为基本线条,设计的玻璃瓶美丽与精致自不用说。二是可口可乐决策者独具慧眼,可以说,就是在当时玻璃瓶的设计款式也绝不会仅此一种,而坎德勒能够看出这种玻璃瓶的市场价值,而且舍得出令人难以想象的高价来购买这一设计专利,这是更为重要的一面。

  而今天瓶装可口可乐的包装瓶已发展为塑料瓶,但瓶的整体形状仍保留原有玻璃瓶的基本式样,使塑料包装瓶始终保持少女般的优美线条。

  这是一个灵感与大胆决策的完美结合。时隔100多年,人们对市场经济的认识有了空前的提高,但类似的传奇式的案例并不多见。这说明一个很简单的道理:机遇总是留给有准备的人。

二、陶瓷包装材料的应用

(一)陶瓷包装容器的设计要领

设计销售包装的陶瓷容器必须满足如下的要求:
(1)陶瓷容器应与被包装的商品身价相适应,它应是包装容器,而不是纯工艺品。因此,低档商品采用陶器,而高档商品则用瓷器并注意装饰和装潢。

(2)造型具有陈列价值,且便于集装运输。为此,要避免与已有的商品包装重复,并注意节省空间和具有良好的强度与刚度。

(3)密封可靠,便于加工生产和包装作业。

(4)商标与装潢应与陶瓷容器的风格一致,陶瓷容器的装饰与粘贴商标矛盾。

(5)便于运输和大量生产,包装成本低。

同时应注意以下几个问题:

(1)被包装的商品,在容器破损后不致造成公害,也不会产生任何危险。

(2)容器造型可按前述各节的原则进行设计,但要注意在模仿中创新。

(3)恰当选择密封盖。一般广口的陶瓷罐多用陶瓷盖,图 5-27c),d)所示的平盖为土特产食品陶瓷罐盖,可用胶泥或无毒树脂密封。图 5-27a),b)所示为带捏手的盖,可用于包装糖浆一类的瓷罐上,但封口较困难。

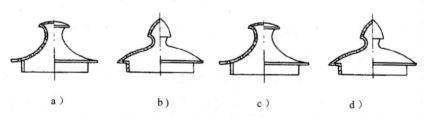

图 5-27 陶瓷罐的盖

包装酒类的瓷瓶可用软木塞密封,再以树脂涂料密封口部。

近年来陶瓷瓶罐又采用塑料螺旋盖,因此陶瓷容器口上必须成型出圆形螺纹。此时密封除用前述的软木塞外,可在塑料盖内加塑料或软木制成的密封垫。

(4)陶瓷容器的厚度可与生产厂商定,通过或测量现有实物来确定。一般在设计时不进行强度计算。

(5)按照商品的质量或容量,计算出包装容器的实际质量或容量;容器的实际容积是商品容积、塞子或盖子占据的容积,以及商品与密封件之间的空气空间的容积三者的总和。

(6)造型设计可用1∶1的比例绘制草图,容器轮廓线内的容积必须等于上述的实际容积。

如图5-28所示,将构思成熟最后确定的造型形体绘制出来,并将容器的高度分为若干等份,并分别量出各段的直径,依此计算出容器的容积。也可在坐标纸上绘图量取。

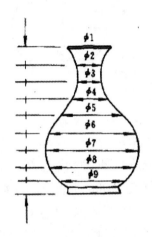

图5-28　陶瓷容器容积的近似计算

沿着容器轮廓外侧绘出容器的厚度,再根据陶瓷的密度(约为 $3kg/dm^3$)估算出容器质量。

(7)设计商标并绘制设计图,并由有关人员审核、评议。

(8)与陶瓷厂联系加工并征询意见。

(二)陶瓷包装容器的造型设计

陶瓷包装容器最能充分体现包装容器造型所必须具有的科学性、商品性和心理性。因此在设计陶瓷包装容器时应当注意贯彻上述的基本原则。不难想象,陶瓷包装容器只有具有较好的表面装饰和艺术造型,才能使人耳目一新,从而在完成商品的包装与销售的使命之后而不被人们所遗弃。当陶瓷包装容器可以作为某种器具或工艺品而复用时,将有助于促进商品的销售。

图5-29所示的陶瓷示例,陶瓷容器的典型结构由图中所示八个部位的发展变化,可形成各式各样的造型。

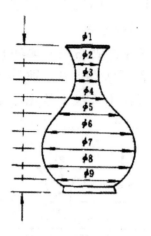

图5-29　陶瓷瓶典型结构
1—瓶口;2—瓶颈;3—瓶肩;4—瓶腹;5—瓶足;6—瓶底;7—瓶耳;8—耳环

造型设计的形式法则,如:变化与统一、对比与谐调、重复与呼应、节奏与韵律、整体与局部、平面与立体、安定与生动、比例与尺度、模拟与概括等等,对于造型构思具有指导性和启发性。陶瓷容器的造型也必须遵守这些法则。

(三)陶瓷包装容器的结构设计

进行陶瓷包装容器的整体造型与各个部位的结构设计时,必须兼顾包装机能、包装成本、艺术造型与加工等各个方面。如图6-30的石榴瓶,其形体美观,但仅适用于手工成型。如采用注浆成型法,就会在口、颈、足部等转折处(图中a,b,c各处)产生开裂。相反,图5-31所示的罐,其口部、足部不向外翻撇,模具简单、生产效率高,成型时不易出现缺陷,使用时不会碰掉瓷块。因此防止整体或局部的变形、开裂是陶瓷包装容器结构设计的一个重要原则。

坯体在焙烧前的各个工序中都有产生变形的可能,焙烧时坯体收缩将产生大的变形。为此应设计符合加工工艺要求的造型与结构,以防止陶瓷包装容器变形的加剧。下面将重点讨论陶瓷包装容器局部的造型结构。

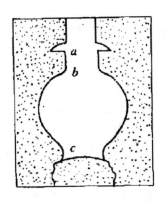

图 5-30　注浆成型产生缺陷的部位

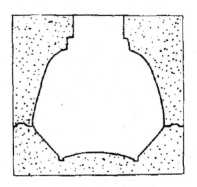

图 5-31　防止产生缺陷的造型

1. 口部的结构与造型

口部处于最醒目的位置，又是包装容器的封闭之处，设计时应当足够重视。口部居于容器之首端，变化繁多，有多种不同的处理手法。

图 5-32 所示的各种窄口常用于细口瓶上，封口需用锥形软木塞。图 a)为翻边口，造型优美，向外翻撇程度的大小应与整体相适应，过大显得柔软无力，过小又显不出其特点；图 b)为灯草口，显得浑厚，比前者口边的强度高；图 c)为唇口，口边强度比前述两者都高；图 d)为折口，口边强度最差；图 e)为直口，单纯而简练，应用广泛。直口按照内、外缘的两线条的接合方式不同，又可有

图中所示的四种式样。由图 a)、d)可见,若将翻边口或折口用于酒瓶上,可便于斟酒。

图 5-33 所示八种口型可起到突出的装饰作用,其中有些式样容易产生开裂、变形,选用时要慎重考虑。

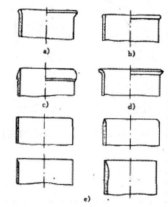

图 5-32 窄口陶瓷瓶口的简式结构

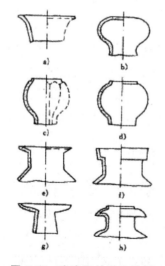

图 5-33 陶瓷瓶的装饰造型

图 5-34 所示为常见的大敞口型式,也可用于细口的酒瓶上。因其口内设有凸缘,可以增加口部的强度与刚度。

2. 肩部的结构与造型

口部之下为颈部,肩部的直径与造型不仅受口部的制约,有时必须综合考虑口部与颈部的造型和结构；同时颈部又受肩部的制约，几乎只有长短之分，其造型与结构缺乏独立性，因此，颈部仅是一个过渡部位。

肩部对于瓶、罐实际上也是一个过渡部位，可参见前示各图。

广口的罐类，其肩部、颈部和口部联系密切，几乎三者合为一体，如图 5-34 所示。图中肩部的线条加以变化，不仅可以起到美化的作用，而且可以减少容器加工中的变形。

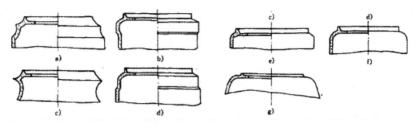

图 5-34　广口陶瓷罐肩部结构

3. 腹部的结构与造型

腹部是容器造型的主干部分，并从属于整体造型的设计。

需要注意：由肩部到腹部、由腹部到足部之间不适于用太软的线段。肩部不要太平坦，要有一定的斜度。满足上述要求，可以防止坯体成型后因上述部位泥料自重作用而产生下塌。此外，腹部之下尤其需要采用挺拔有力的线段（或接近于直线），既可防止容器上部泥料下塌，又便于使形体外廓线在足部向内收缩。

4. 足部的结构与造型

足部与口部都是造型形体变化的终端，对造型的整体效果具有重要作用，必须按照整体关系来确定。

常见的足部结构如图 5-35 所示。图 a) 为平底足，如今少用。图 b) 为平窝底、图 c) 为窝式底，两者制作简便，便于出模。图 d) 为挖足底，适用于小罐，图 e) 为从足底，适用于大坛。图 f) 为卫生足底面挂釉，不会损伤放置表面。图 g) 为硬藏足，图 h) 为软藏足，两者与放置面分界清晰，显得活泼轻快。

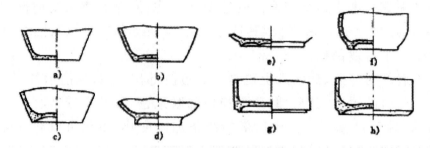

图 5-35　陶瓷容器足部结构

第六章　复合包装材料的加工与应用

复合材料是指由两种或两种以上物理和化学性质不同的物质组合而成的一种多相固体材料。复合材料可保留组分材料的主要优点,克服或减少组分材料的许多缺点,或产生原组分材料所没有的一些优异性能。复合材料种类很多,用途广泛。本章将对复合包装材料的加工与应用展开论述。

第一节　复合包装材料的特性

材料的复合化是材料发展的必然趋势之一。古代就出现了原始型的复合材料,19世纪末复合材料开始进入工业化生产。20世纪60年代由于高技术的发展,对材料性能的要求日益提高,单质材料很难满足性能的综合要求和高指标要求。复合材料因具有可设计性的特点受到各发达国家的重视,因而发展很快,开发出许多性能优良的先进复合材料,成为航空、航天工业的首要关键材料。这些成果在包装应用领域也得到发展。复合材料与金属、陶瓷、高聚物等材料并列为重要材料,社会即将进入复合材料的时代。

一、复合材料的释义

复合材料是一种新颖的包装材料,发展很迅速,这是因为单一材料已不能适应现代包装的要求。而复合材料具有各层原材料的特性,从而克服了单一材料的不足;因此它具有保护内装物、方便运输、促进商品出售等性能。随着人们对各种商品包装要求越来越高,势必要求更多的具体性能,例如防湿性、气密性、保香性、遮光性、防虫性、耐内装物性、耐久性、卫生性、封口性、刚性、滑爽性、耐热性、耐寒性、透明性、高速加工性等。此外,必须要考虑其废物处理性和降耗性等。

遗憾的是,要具备以上全部性能的单一种包装材料是不存在的。事实上,单一的包装材料已经不能满足商品的包装要求,特别是用包装蒸煮食品、各种快餐食品、冷冻食品和生鲜食品等方面。这种食品包装在超级市场上的需要量逐年增加,同时对包装材料也提出了更高的要求。于是需要发展适合不同要求的复合包装材料。复合材料的性能取决于组成的材料,一般来说,复合层数越多,性能越好,但成本也随之增加。

包装领域所用的复合包装材料主要是指"层合型"复合材料,即用层合、挤出贴面、共挤塑等技术将几种不同性能的基材结合在一起形成的多层结构。使用多层结构形成的包装可以有效地发挥防污、防尘、阻隔气体、保持香味、防紫外线、透明、装潢、印刷、易于用机械加工封合等功能。

二、复合包装材料结构的表示方法

在包装技术与工程中,经常用简写的方式表示一个多层复合材料的结构。例如,一个由图 6-1 所示的典型层合结构可以表示为纸、聚乙烯、铝箔、聚乙烯。写在前面的是外层,写在后面的是与产品接触的内层。外层纸在这里给复合材料提供了刚度或挺度及印刷装饰性表面,铝箔层提供了阻隔作用,聚乙烯提供了黏合和热封性能。

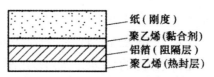

图 6-1 (层状)复合包装材料结构示意图

由于将各层材料结合在一起的方式很多,所以很难用一种体系来说明所有的不同的复合结构。虽然如此,在一个复合材料中却经常可以分为外层、阻隔层、黏合层、内层这样一些有鲜明界面的结构。对于销售或商业包装,复合结构的外层材料常要求机械强度好、耐热、印刷性能好、光学性能好的材料。目前,外层材料多采用带有涂层(或覆膜)的纸、玻璃纸、拉伸聚丙烯、拉伸聚酯、尼龙等材料。而与产品相接触的内层应当是热封性好、无味、无毒、耐油、耐水(防潮)、耐化学药品的材料。常用的内层材料有未拉伸的聚丙烯、聚乙烯、离子型聚合物及无毒聚氯乙烯等。复合材料中的阻隔层通常位于层合结构中靠近产品的一侧。铝箔和蒸镀膜是层合包装中常用的阻隔材料。但铝箔和蒸镀膜容易皱折,致使在折痕处造成渗透。所以它们必须与其他材料复合使用,这不但改善了耐折性,而且使可能出现的渗透降到最低限度。

三、复合包装材料的性能

(一)均一性

由于纤维素和塑料薄膜的渗透性是均一的,故包装的渗透性可以用表面积来测量和表示。但用铝箔作阻隔层的复合材料,其针孔发生率与厚度有关,在整个面积上的渗透性就不均一,所以对含铝箔的包装材料的包装性能试验,唯一正确的方法是对实际包装进行相关性能测试。

(二)保香性

至今,还不能总结出包装材料对各种气味阻隔性的一般规律。在考虑香味与包装材料的相互作用时,必须了解某些聚合物材料会吸收某些气体,使产品失去香味的情况。例如,聚烯烃会吸收各种香精油。当多层结构的内层是聚烯烃和铝箔时,香精油透过聚烯烃会破坏黏合,造成脱层。如果产品中含有有机酸,则有机酸会与香精油一起通过聚烯烃,并与铝发生反应。对这一问题,只要在铝箔和聚烯烃之间加上一层保护性涂层就可以解决。

(三)透光性

多层软包装材料可以是透明或不透明的,或介于二者之间。铝箔能提供最高限度的不透明度和光的隔绝性。使用加入颜料的聚合物,只要颜料不影响聚合物的性能,就可以选择不同程度的透光性,透光的程度决定于颜料盒薄膜的厚度。将纸与添加颜料的聚合物复合,可以使透光率低到 $5\%\sim10\%$。

还可以用真空蒸镀金属的方法控制透光率。蒸镀金属膜可以提高对气体和湿气的阻隔性,通过控制镀层的厚度可以得到不同的透光率。但较厚的镀层成本较高。如果包装设备中有光电池,这时透光率至少要达到 4%,因为光电池是通过包装材料透过的光来工作的。假如蒸镀金属膜的透光率只有 $1\%\sim2\%$(一般情况是这样),或者层合结构中有高度不透明的纸材料,这时在包装生产线上的光电池须靠反射光工作。

为了防止紫外线辐射引起包装中的食品或医药变质,只要在多层复合包装中加入一层能吸收紫外线的材料就可以使产品得到保护,这种材料可以对可见光透明。例如,在加工肉的包装材料中含有能够吸收紫外线的聚偏二氯乙烯,就不会因受到紫外线辐射而使肉食品变色。

(四)机械性能与耐久性

层合结构的机械性能是由产品、包装机械及销售等因素的要求而决定的。在产品的运输、销售过程中,包装材料对商品的保护性在很大程度上依赖于包装材料的物理机械性能,如韧性、拉伸强度、撕裂强度等。有些材料本身是不耐撕裂的,如铝箔,必须将它置于两层耐撕裂的薄膜之间(或至少有一层支撑材料)。有些材料在干燥的环境中会变脆,如玻璃纸,必须使它与阻湿性好的塑料材料层合。在复合结构中,复合材料的物理性能并不都是各个组分性能的简单加和,必须认真选择。例如,聚乙烯有极好的抗撕裂性和延伸性,但它与纸黏合以后,这种层合材料就只具有纸的抗撕裂性和延伸性。而如果黏合得较松,聚乙烯可以保留它的性能,使层合材料具有较大的耐久性。

(五)其他性能

选择材料时,应尽可能说明产品对每类保护所需要的具体要求。例如,如果产品不吸湿,即不会从大气中吸收潮气,那么就无须提供阻潮性很好的材料。同样,如果产品不会与氧气发生反应或不易氧化的产品的包装,那就不需要提供阻氧性极好的包装材料。

第二节 复合包装材料的构成与分类

复合材料按性能高低分为常用复合材料和先进复合材料。先进复合材料是以碳、芳纶、陶瓷等高性能增强体与耐高温的高聚物、金属、陶瓷和碳(石墨)等构成的复合材料。这类材料往往用于各种高技术领域中用量少而性能要求高的条件下。

复合材料按用途可分为结构复合材料和功能复合材料。目前结构复合材料在应用领域占绝大多数,而功能复合材料尚处于研发初期,但发展前景广阔。未来将形成结构复合材料与功能复合材料并重的局面,而且功能复合材料更具有与其他功能材料竞争的优势。

一、结构符合材料的构成与分类

结构复合材料主要用作承力和次承力结构,要求它质量轻、强度和刚性高,且能耐受一定温度,在某种环境中还要求膨胀系数小、绝热性能好或耐介质腐蚀等其他性能。

结构复合材料基本上由增强体与基体组成。增强体承担结构使用中的各种载荷,基体则起到黏接增强体,予以赋形并传递应力和增韧的作用。复合材料所用基体主要是有机聚合物,也有少量金属、陶瓷、水泥及碳(石墨)等。结构复合材料通常按不同的基体来分类,如图6-2所示。

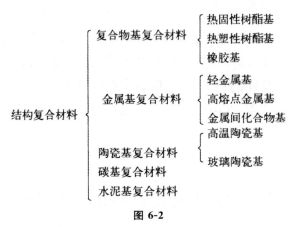

图 6-2

以下介绍结构复合材料中的主要构成与品种。

(一)高性能增强体

增强体是高性能结构复合材料的关键组分,在复合材料中起着增加强度、改善性能的作用。增强体按来源区分有天然与人造两类,而今天然增强体已很少使用。按形态区分则有颗粒状(零维)、纤维状(一维)、片状(二维)、立体编织物(三维)等几类。一般按化学特征来区分,可分为无机非金属类(共价键)、有机聚合物类(共价键、高分子链)和金属类(金属键)。虽然可用作增强体的材料品目繁多,但是先进复合材料必须用高性能纤维及用这些纤维制成的二维、三维织物作为增强体。高强度碳纤维和高模量碳纤维是出类拔萃的,碳化硅纤维、硼纤维和有机聚合物的聚芳酰胺、超高分子量聚乙烯与聚苯并双唑等纤维也具有很好的力学性能。典型的高性能纤维增强体介绍如下。

1. 碳纤维

碳纤维是先进复合材料最常用的增强体。一般采用有机先驱体进行稳定化处理,再在1000℃以上高温和惰性保护气氛下碳化,成为具有六元环碳结构的碳纤维。这样的碳纤维强度很高,但还不是完整的石墨结构,即虽然六元环平面基本上平行于纤维轴向,但石墨晶粒较小。碳纤维进一步在保护气氛下经过2800℃~3000℃处理,就可以提高结构的规整性,晶粒成为石墨纤维,此时纤维的弹性模量进一步提高,但强度却有所下降。商品碳纤维的强度可达3.5GPa以上,模量则为200GPa以上,最高可达920GPa。

2. 高强有机纤维

高强、高模有机纤维通过两种途径获得。

一是由分子设计并借助相应的合成方法制备具有刚性棒状分子链的聚合物,例如,聚芳酰胺、聚芳酯和芳杂环类聚合物经过干湿法、液晶纺丝法制成分子高度取向的纤维。二是合成超高分子量的柔性链聚合物,如聚乙烯。由分子中的C—C链伸直,提供强度和模量。这两类有机纤维均可批量生产,其中以芳酰胺产量最大。

芳酰胺的性能以Kevlar—49为例(杜邦公司生产)。强度为2.8GPa,模量为10^4GPa的芳酰胺,虽然比不上碳纤维,但由于其密度仅为1.45g/cm^3,比碳纤维的1.8~1.9g/cm^3低,因此在强度和模量上略有补偿。超高分子聚乙烯纤维也有一定规模的产量,而且力学性能较好,强度为4.4GPa、模量为157GPa、密度为0.97g/cm^3,但其耐温性较差,影响了它在复合材料中的广泛使用。

3. 无机纤维

无机纤维的特点是高熔点,特别适合与金属基、陶瓷基或碳基形成复合材料。中期工业化生产的是硼纤维,它借助化学气相沉积(CVD)的方法,形成直径为 50～315μm 的连续单丝。硼纤维强度为 3.5GPa,模量为 400GPa,密度为 2.5g/cm³。这种纤维价格昂贵,现阶段很难为市场接受。取而代之的是碳化硅纤维,它也用 CVD 法生产,但其芯材已由钨丝改用碳丝,形成直径为 100～150μm 的单丝,其强度为 3.4GPa,模量为 400GPa、密度为 3.1m³。另一种碳化硅纤维是用有机体的先驱纤维烧制成的。该种纤维直径仅为 10～15/μm,强度为 2.5～2.9GPa,模量为 190GPa,密度为 2.55g/cm³。无机纤维类还包括氧化铝纤维、氮化硅纤维等,但产量一般较小。

(二)聚合物基复合材料

聚合物基复合材料是目前复合材料的主要品种,其产量大大超过其他基体的复合材料。习惯上常把橡胶基复合材料划入橡胶材料中,所以聚合物基体一般仅指热固性聚合物(树脂)与热塑性聚合物。

热固性树脂是由某些低分子的合成树脂(固态或液态)在加热、固化剂或紫外光等作用下,发生交联反应并经过凝胶化阶段和固化阶段形成不熔、不溶的固体,因此必须在原材料凝胶化之前成形,否则就无法加工。这类聚合物耐温性较高,尺寸稳定性也好,一旦成形后就无法重复加工。

热塑性聚合物,即通称的塑料,该种聚合物(基本上是线型聚合物)在加热至一定温度时可以软化甚至流动,从而在压力和模具的作用下成形,并在冷却后硬化固定。这类聚合物一般软化点较低(现已有高软化点的品种),容易变形,但可再加工使用。现分述如下。

1.热固性聚合物基复合材料

热固性树脂在初始阶段流动性很好,容易浸透增强体,同时工艺过程比较容易控制,因此这类复合材料成为当今商业化的主要品种。热固性树脂早期有酚醛树脂,随后有不饱和聚酯树脂和环氧树脂,近来又发展了性能更好的双马树脂和聚酰亚胺树脂。这些树脂几乎适合于各种类型的增强体。它们虽可以湿法成形(即浸渍后立即加工成形),但通常都先制成预浸料(包括预浸丝、布、带、片状和块状模塑料等),使浸入增强体的树脂处于半凝胶化阶段,在低温保存条件下限制固化反应的发展,并应在一定期间内进行加工。所用的加工工艺有手工铺设法、模压法、缠绕法、挤拉法、热压罐法、真空袋法及最近才发展的树脂传递模塑法(RTM)和增强式反应注射成形法(RRIM)等。各种热固性树脂的固化反应机理各不相同,根据使用要求的差异,采用的固化条件也有很大差别。一般的固化条件有室温固化、中温固化(120℃左右)和高温固化(170℃以上)。目前较好的一类树脂体系(包括固化剂、促进剂等助剂)可以低温成形,然后在脱离模具的自由状态下加热后固化定型。

典型的树脂基体如下。

(1)环氧树脂

环氧树脂是目前聚合物基复合材料中最普遍使用的树脂基体。环氧树脂的种类很多,适合作为复合材料基体的有双酚A环氧树脂、多官能团环氧树脂和酚醛环氧树脂三种。其中多官能团环氧树脂的玻璃化温度较高,耐温性好;酚醛环氧固化后的交联密度大,因此力学性能较好。环氧树脂与增强体的黏接力强、固化时收缩少,基本上不放出低分子挥发物,因此尺寸稳定性好。但环氧树脂的耐温性不仅取决于本身结构,很大程度上还依赖于使用的固化剂和固化条件。例如,用脂肪族多元胺作为固化剂可在低温下固化,但耐温性很差。如果用芳香族多元胺和酸酐作固化剂,并在高温(100℃～150℃)下固化,则最高可耐250℃的温度,这表明耐温性也取决于固化温度。在正常使用中,环氧基复合材料可在-55℃～177℃的温度范围内使用,并有很好的耐化学品腐蚀性和电绝缘性。

(2)热固性聚酰亚胺树脂

聚酰亚胺聚合物有热塑性和热固性两种,均可作为复合材料基体。目前已正式付之应用且耐温性最好的是热固性聚酰亚胺基体的复合材料。热固性聚酰亚胺经固化后,与热塑性聚合物一样在主链上带有大量芳杂环结构。此外,由于其分子链端头上带有不饱和链而发生加成反应,变成交联型聚合物,这样就大大提高了其耐温性和热稳定性。聚酰亚胺聚合物是用芳香族四羧酸二酐(或二甲酯)与芳香族二胺通过酰胺化和亚胺化获得的,热固性聚酰亚胺则是在上述合成过程中加入某些不饱和二羧酸酐(或单酯)作为封头的链端基制成的。最近用N置炔丙基作为端基的树脂(AL—600)制成的复合材料,可在316℃时保持76%的弯曲强度。这类树脂基的复合材料可在260℃以下长期使用。但是该种复合材料需在高压(1.01～1.5MPa)和高温(270℃～340℃)下进行长时间的固化,这使其难以大规模商业化。

2. 热塑性聚合物基复合材料

热塑性聚合物基复合材料发展较晚,从目前来看,产量还比不上热固性复合材料,但这类复合材料具有不少热固性材料所不具备的优点,因此其产量一直在快速增长。首先是聚合物本身的断裂韧性好,提高了复合材料的抗冲击性能;其次是吸湿性低,可改善复合材料的耐环境能力;最突出的是可以重复再加工,而且工艺过程短,成形效率高。

可以作复合材料基体的热塑性聚合物品种很多,包括各种通用塑料(如聚丙烯、聚氯乙烯等)、工程塑料(如尼龙、聚碳酸酯等)以及特种耐高温的聚合物等。生产热塑性聚合物基复合材料,必须先将聚合物基体与各种增强体制成连续的片(布)状、带状和粒状预浸料,才能进一步加工成各种形状的复合材料构件。特别是粒状预浸料可使用塑料加工设备,如挤出机和注射成形机。然而由于热塑性聚合物在熔融状态下的黏度也很高,因此带来预浸的难度。现用的预浸方法如下。

(1)薄膜法,将聚合物膜与增强体无纬布、织物、毡等交替层叠,再用热滚筒或热履带热压成连续片材。

(2)溶液法,用溶剂溶解聚合物后浸渍增强体,然后将溶剂挥发制成预浸料。

(3)熔融法,以聚合物熔体对增强体进行浸渍。

(4)粉末法,将聚合物磨细,以流态床法或静电吸附法将其附着在增强体周围,然后再热压使之熔化浸渍。

(5)纤维法,将聚合物先纺成纤维,再与增强体交织,然后热压。

(6)造粒法,螺杆挤出机的螺杆将聚合物熔体与切短的增强体混合,由模口挤出细条状,再切成粒料。

热塑性聚合物基复合材料的主要品种如下。

(1)聚丙烯基复合材料。聚丙烯是通用大品种塑料,产量很大,有较好的使用和加工性能。用作复合材料基体的聚丙烯一般为半结晶的有规立构体,熔点为176t,所用的增强体主要是廉价的玻璃纤维,有时也加入一些无机填料,以满足性能价格比的要求。采用造粒法制备预浸料(纤维体积分数一般低于40%),制成的复合材料比未增强塑料的相应性能提高一倍左右,同时制品收缩率低、热稳定性明显提高(变形温度可达150℃)。由于该种复合材料原料来源丰富,力学及电学性能良好,特别是价格相对低廉、加工方便,因此受到青睐。

(2)聚酰胺基复合材料。聚酰胺商品名为尼龙,是常用的工程塑料,具有半结晶结构。聚酰胺的品种较多,用于复合材料的为尼龙(己二胺和己二酸的缩合物)。聚酰胺可以与各种增强体进行复合,多数仍是玻璃纤维布。用熔融法制成的片材(GMT)可以冲压成形。聚酰胺塑料本身就具有良好的强韧性,且有耐磨自润滑性能,特别是耐油、抗化学腐蚀性很强,制成复合材料后,力学性能和耐热性进一步提高,并保留其他优点。

(3)聚醚醚酮基复合材料。聚醚醚酮是近年发展起来的耐高温工程塑料。它是一种结晶度较高的聚合物,各种性能均很好,特别是耐温性。它适合制作高性能复合材料制品,基本上是与碳纤维或芳酰胺纤维采用薄膜叠层法复合制成预浸料,然后经剪裁放入模具中热压成形。这种复合材料的热变形温度为300℃,在20℃以上能保持良好的力学性能,例如,用60%单向碳纤维增强,强度可达1.8GPa,模量为120GPa。另外,它还具有阻燃性和抗辐射性。

(三)金属基复合材料

金属基复合材料是20世纪60年代末才发展起来的。它的出现弥补了聚合物基复合材料的不足,如耐温性较差(一般不能超过300℃),在高真空条件下(如太空)容易释放小分子而污染周围的器件,以及不能满足材料导电和导热需要等。

金属基复合材料一般按增强体形式来分类,如颗粒增强、短纤维与晶须增强及连续纤维增强等。其典型品种如下。

1.颗粒增强铝基复合材料

颗粒增强铝基复合材料是金属基复合材料中最成熟的一个品种,国外(如美国、加拿大)已有批量生产。该种复合材料所用的增强体主要为碳化硅和氧化铝,亦有少量氧化钛和硼化钛等颗粒(粒径一般为10nm左右)。基体可以是纯铝,但大多数为各种铝合金(包括高性能的铝锂合金)。颗粒增强铝基复合材料的成形方法有两种。

(1)粉末冶金法,即将颗粒与铝合金粉混合,按常规粉末冶金法加工。但是成本较高,影响了该方法的发展。

(2)各种液相复合法,该方法(特别是搅拌法)可以规模生产,成本相对较低,但颗粒体积分数一般不超过25%,工艺过程控制较难,且制品质量稳定性也比粉末冶金法差。此种复合材料的性能比原基体合金有明显提高。此外,耐磨性、尺寸稳定性、耐热性也比原合金有很大改善。

2.晶须增强铝基复合材料

晶须不仅本身的力学性能优越,而且有一定的长径比,因此比颗粒对金属基体的增强效果更显著。所用的晶须主要为碳化硅晶须,其性能虽然好,但价格昂贵。最近发展的硼酸铝晶须性能与碳化硅晶须相当,而价格仅为后者的 1/10,但须改善其与铝基体产生反应的问题(尤其是铝合金中含镁时更为严重)。晶须增强铝合金复合材料的制备工艺,可用上述粉末冶金法和液态复合法的挤压铸造和真空——压力浸渗工艺,使晶须在复合材料中分布均匀。晶须增强铝基复合材料的性能以 20% 碳化硅晶须增强 6061 铝合金为例,其强度为 608MPa,模量为 122GPa,可以看出,其增强效果比颗粒强。

3. 纤维增强钛合金及金属间化合物基复合材料

这是用于需要有一定耐温性与轻质高强度要求的材料,可用于如制造喷气式发动机风扇叶片等高温结构件。目前碳芯碳化硅连续纤维(SCS 型)增强钛及钛蕾铝金属间化合物已进入实用阶段。该种复合材料采用等离子喷涂工艺把金属熔喷在已排列好的纤维上,制成单层片的复合材料,然后把层片按设计需要铺设叠层,再用热等静压法成形。这种工艺的制品质量可靠,成本也较合适,纤维的存在明显改善了金属间化合物的脆性。

4. 无机非金属基复合材料

无机非金属基复合材料包括陶瓷基复合材料、碳基复合材料和水泥基复合材料。尽管这些材料目前产量很小,但陶瓷基和碳基复合材料是耐高温及高力学性能的首选材料,碳/碳复合材料是目前耐温最高的材料。水泥基复合材料则在建筑材料中越来越显示其重要性,预计将会有可观的产量。

(1)陶瓷基复合材料

陶瓷基复合材料的基体包括陶瓷、玻璃和玻璃陶瓷。虽然各种增强体均可应用于该材料,但由于工艺条件关系,主要使用的增强体是晶须和颗粒。陶瓷基复合材料中,以高温多晶(或非晶)陶瓷为基体的耐温性最好(1000℃~1400℃),玻璃和玻璃陶瓷为基体的复合材料承受温度则不能超过1000℃。陶瓷基复合材料的复合工艺有：①类似传统的陶瓷成形工艺；②适合于连续纤维增强的方法为有机先驱体法；③气相浸渗法和原位生长法等。

（2）碳基复合材料

碳基复合材料是以碳为基体，碳或其他物质为增强体组合成的复合材料。主要的碳/碳复合材料是耐温性最好的材料，其强度随温度升高而增加，在2500℃左右达到最大值。同时它有良好的抗烧蚀性能和抗热震性能。但是碳/碳复合材料不能在氧化性气氛下耐受高温，因此它的抗氧化措施是当前须解决的难点。碳/碳复合材料的成形工艺分为气相沉积法和浸渍法，后者容易致密化。其性能主要取决于增强体，所用的增强体为碳纤维的三维编织物，但也用二维布层叠后穿刺或用碳毡。

另一大类功能复合材料，目前正处于发展的起步阶段（本书不作具体介绍）。功能复合材料，是指除力学性能以外还提供其他物理性能的复合材料，是由功能体（提供物理性能的基本组成单元）和基体组成的。基体除了起赋形的作用外，某些情况下还能起到协同和辅助的作用。功能复合材料品种繁多，包括具有电、磁、光、热、声、机械（指阻尼、摩擦）等功能的各种材料。

二、多层复合包装材料的构成与分类

通常，可将复合包装材料分为基材、层合黏合剂、封闭物及热封合材料、印刷与保护性涂料等组分。由于在有关章节已经详细地介绍了纸、铝箔、塑料薄膜和聚合物等材料，所以，这里只就与多层复合包装有关的组分材料做扼要介绍。

（一）基材

在多层复合结构中，基材通常由纸张、玻璃纸、铝箔、双向聚丙烯、双向拉伸聚酯、尼龙与取向尼龙、共挤塑材料、蒸镀金属膜等构成。

1. 纸张

由于纸的价格低廉、种类齐全、便于印刷黏合，能适应不同包装用途的需要，因此在层合材料中广泛用做基材。

用蜡或聚偏二氯乙烯涂布的加工纸和防潮纸广泛地用于糖果、快餐、小吃和脱水食品的包装。印刷精美、用聚乙烯贴面的纸复合材料在食品包装和其他领域也有广泛的应用。图6-3是常见的食盐包装袋，它是纸基聚偏二氯乙烯涂布的纸塑复合袋。

图6-3　纸塑复合食盐包装袋

2. 玻璃纸

玻璃纸是一种用于包装的透明软材料。

未涂布防潮树脂的玻璃纸很容易吸潮变软、变形。用于层合的玻璃纸一般在其一面或两面涂布聚偏二氯乙烯。若使用聚乙烯黏合剂，则这种层合材料能形成高强度的气密性封合。为适应不同的需要，可以用乙烯共聚物代替聚乙烯，以降低热封合温度。如果不希望透明，可在层合时使用加了白色颜料的聚乙烯薄膜。

3. 蒸镀铝材料

在层合材料中广泛地使用铝箔做阻隔层。与其他软包装材料相比，铝箔对光、空气、水及其他大多数气体和液体具有不渗透性，并可以高温杀菌，使产品不受氧气、日光和细菌的侵害，它还有良好的印刷适性。

为节省铝材,可以用蒸镀铝代替铝箔。蒸镀铝膜(图 6-4)可以使耗铝量降为 1/300,耗能减少到 1/20。蒸镀铝层厚度只有 10~20nm,附着力好,有优良的耐折性及韧性,并可部分透明。适合真空镀铝的基材有玻璃纸、纸、聚氯乙烯、聚酯、拉伸聚丙烯、聚乙烯和聚酰胺等。图 6-5 是一种聚乙烯薄膜镀铝防潮袋包装。

图 6-4　蒸镀铝膜

图 6-5　镀铝薄膜包装制品

4. 双向拉伸热定型聚丙烯(BOPP)

由于双向拉伸聚丙烯有极好的适应性,它已经成为层合软包装中使用最广的塑料薄膜材料。这种材料可以像玻璃纸一样被涂布,但又可以与其他树脂共挤塑,生产出具有热封合性的复合结构,以满足各种不同的需要。

5. 双向拉伸热定型聚酯(BOPET)

双向拉伸热定型聚酯具有良好的尺寸稳定性、耐热性及良好的印刷适性,因而它是广泛应用的层合结构外层组分。

含有铝箔或蒸镀铝的聚酯复合结构具有优秀的阻隔性和耐热性。但这种复杂的结构加工成本较高。

6. 尼龙与取向尼龙

虽然尼龙的潮气阻隔性并不好,但其阻氧性能较好。如果用一种阻湿性好的材料如聚乙烯或聚偏二氯乙烯与尼龙层合,则可成为对氧和水蒸气阻隔性都很好的包装材料。

常用挤出涂布方法将尼龙与具有阻隔潮气和热封合功能的材料复合。这种层合结构常用来包装鲜肉及块状干酪。乙醋共聚物/尼龙/聚乙烯(或乙醋共聚物)的复合结构常作为衬袋箱的衬袋材料。

7. 共挤塑包装材料

聚乙烯、聚丙烯、乙烯—醋酸乙烯、乙烯—丙烯酸、乙烯—甲基丙烯酸等都可用做共挤塑包装材料。

(二)复合胶

复合胶也称作胶黏剂,它的主要作用是将两种固体材料牢固地黏合在一起。在制造层状复合材料的过程中,黏合剂常常还可赋予层合材料其他的功能。为了使两种材料牢固地黏合在一起,必须使材料表面具有"可润湿性",即黏合剂必须能在基材的表面"铺展和润湿"。黏合剂对表面的润湿程度取决于黏合剂的表面张力和基材的表面能。如当用聚乙烯和聚丙烯作基材时,因为它们的非极性较强,表面不易被极性的黏合剂润湿,所以在层合和印刷前,要经过电晕等表面处理,以改善其表面的极性和粗糙度。

复合包装膜生产中常用的黏合剂有溶剂型聚氨酯黏合剂、无溶剂型聚氨酯黏合剂、醇溶性黏合剂和水性黏合剂等。复合包装材料使用的其他黏合剂还有：UV固化和电子固化型、湿固化型和热熔黏合剂（也称热熔胶）等。

(三)封合材料

封闭包装的方法有热封合、冷封合和黏合剂封合等。热封合（又分直接电热封和高频电流热封）是利用多层结构中的热塑性内层组分，加热时软化封合，移掉热源就固化。

在热封合薄膜中，若不要求高温蒸煮，以聚乙烯膜用得最多；其次是乙烯共聚物。由于有多种相对分子质量、相对分子质量分布、密度、熔融指数，所以用于热封合的聚乙烯膜有多个品种。随着密度增加，封合温度、耐热性、强度、挺度也随之增加，但封合范围、透明度却会降低。多品种的聚乙烯膜为不同结构的产品包装需要提供了广阔的选择余地。乙烯共聚物的性能与聚乙烯不同，由于共聚物中可以含有一系列不同比例的共聚单体，共聚单体的含量变化，可以使透明度、封合温度、封合范围等发生变化。这些乙烯共聚物可以作为层合膜、挤出涂层或共挤塑组分用于多层结构。它们的价格比聚乙烯贵，所以只有在值得使用的多层材料中才使用。

若复合包装材料用于要求高温蒸煮的包装，则因聚乙烯及其乙烯共聚物的熔点较低，而选用熔点较高的等规聚丙烯（如CPP）作为热封层的较多。

除了上述的热封合材料外，热封合涂层和热熔融体（或称热熔胶）也是常用的热封合材料。热封合涂层是以溶液或水乳液状态涂布的涂料。常用的热封合涂料有醋酸乙烯—氯乙烯共聚物、聚丙烯酸系或聚偏二氯乙烯共聚树脂。热熔融体是由各种热塑性树脂、蜡和改性剂组成的。它们作为涂料在熔融状态下涂在整个材料的表面。乙基纤维素、乙烯—醋酸乙烯（EVA）共聚物、聚酰胺和热塑性聚氨酯是热熔融体的主要组分。

如果用改性橡胶基物质作封合材料，则不用加热只要加压就能封合,这些封合材料称为冷封合涂料或压敏胶。冷封合涂料只能自身封合而不能与其他材料封合。最常见的冷封合涂料是涂在包装袋边的边缘涂料。

黏合剂封合在多层包装中应用并不广泛,多用于纸或纸为内层的复合包装材料。

(四)印刷与保护性涂料

包装印刷能起到美化商品和传递产品信息的作用,复合包装材料通过印刷有着其他印刷材料不可比拟的独特优点。如:在高度反光的铝箔或蒸镀铝上使用透明色印刷,可以使软包装具有引人注目的外观。如果透明薄膜是层合材料的外层,在其膜的里面印刷文字和图案(即常说的"里印"),就可以提供高光泽和极好的耐擦性,这是单层结构很难得到的。在透明薄膜上进行全版印刷,能够提供遮光性能,如果使用不透明色,则可以使透明的薄膜成为不透明的材料。

在复合包装材料的外层涂上涂料,可以保护印刷表面、防止卷筒粘连、提高材料光泽度,控制摩擦系数、热封合性和阻隔性等。

第三节　复合包装材料的加工技术

将各类包装材料复合在一起形成多层复合结构的方法称作复合工艺。常用的复合工艺有干式复合、湿式复合、挤出复合、共挤出复合、无溶剂复合和涂布复合等。

一、干式复合

干式复合也称干法复合,就是把黏合剂涂布到薄膜表面上,经过干燥,再与另一层薄膜热压贴合成复合薄膜的工艺(图6-6)。

它适用于各种基材的薄膜。基材选择的自由度高,可生产出各种性能的复合膜,如耐热、耐油、高阻隔、耐化学性薄膜等。另外,干式复合工艺还适用于多品种、小批量产品的复合,基材黏合剂更换方便,因此在中小型彩印复合厂被广泛采用。干式复合机在我国应用相当广泛,主要用于玻璃纸、PET、OPP、BOPP、CPP、NY、PE、铝箔、纸张等基材的涂布复合,具有广阔的应用价值。

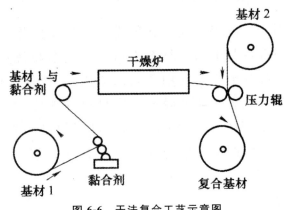

图 6-6　干法复合工艺示意图

二、湿式复合

湿式复合也称湿法复合,该工艺是生产复合薄膜历史较长的方法之一。它是在涂胶装置上,将第一层基材表面涂布黏合剂,在湿润状态下即与第二层基材一起通过复合装置进行复合,然后再通过热烘道烘干溶剂等挥发性物质,使两层基材黏合在一起,卷绕成卷材,完成复合加工。湿法复合工艺过程如图 6-7。

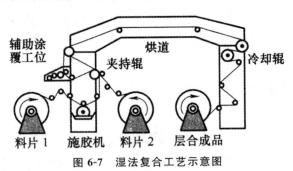

图 6-7　湿法复合工艺示意图

湿式复合主要用于铝箔或塑膜与纸张、薄纸板、普通玻璃纸等多孔或吸水性材料复合。其黏合剂多为水性的（即以水为溶剂的黏胶液或乳液），主要有聚乙烯醇、硅酸钠、淀粉、聚醋酸乙烯、EVA、聚丙烯酸酯、天然树脂等。

三、无溶剂复合

无溶剂复合，又称反应型复合，是采用反应性无溶剂型胶黏剂，将两种基材复合在一起的一种工艺方法。由于此种工艺具有无溶剂残留等的环保安全优势，其在复合材料的软包装中应用越来越多，作为一种"绿色复合"工艺，它已经成为复合技术的主要发展趋势。

无溶剂复合的主要特点。

（1）复合包材中没有溶剂残留，特别符合现代食品和药品包装的卫生安全要求。

（2）复合生产中没有挥发性溶剂排放，对大气环境没有污染，生产环境优良。

（3）由于不采用通常的干燥系统，因此可显著降低能耗。

（4）生产成本较低，涂胶和总成本比现有工艺有一定的降低。

（5）复合机速快，占地面积小，无火灾与爆炸风险。

四、挤出复合

挤出复合是将热熔性树脂（如 PE、EVA、EAA 等），由塑料挤出机熔融塑化后由 T 型模头挤出涂布在塑料、纸或铝箔等基材上，与另一种或两种薄膜通过复合夹棍复合在一起，然后冷却固化制成复合薄膜的方法。在挤出复合中，根据熔体的不同作用分为两种情况：一种是熔体作为热熔胶，直接与铝箔、塑料膜等复合，这种加工无须黏合剂，故也有人称之为无黏合剂体系；另一种加工方法是用树脂熔体作为涂覆材料，与已涂胶层的薄膜复合，这种加工需要黏合剂,故有称之为黏合剂体系。这种体系比干式复合中黏合剂的用量大大减少,在复合加工时,除了工艺控制上有些差异,它们的复合机理是一样的,都是粘接过程。其工艺流程如图 6-8 所示。

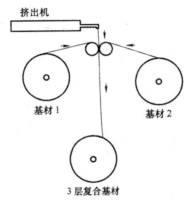

图 6-8 挤出复合工艺流程示意图

挤出涂布是热熔型树脂连续均匀地挤出在一种基材上,直接冷却收卷成复合薄膜,不与第二基材贴合的工艺。实际中,往往把挤出涂布归为挤出复合,不再特别列出。

五、共挤出复合

共挤出复合是采用两台或两台以上挤出机,将同种或异种树脂同时挤入一个复合模头中,分别在不同的挤出机中加热塑化,然后通过特殊的机头将它们复合,使各层树脂在模头内或外汇合形成一体,在机头分层汇合挤出层合体熔体膜坯,经吹塑(或流延)、冷却定型为共挤出复合薄膜。共挤出复合工艺过程如图 6-9 所示。

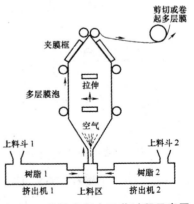

图 6-9 共挤出复合工艺过程示意图

共挤出复合薄膜能提高薄膜质量、改性后提高加工性能和降低成本等,在食品、医药等软包装领域有着广泛应用。与干法复合、湿法复合、挤出复合、挤出涂覆相比,共挤出复合工艺流程简单,可一次成型多层软包装复合材料。该工艺具有能耗低、废料少和效率高的优势,且复合过程不需要辅料黏合剂,无溶剂回收与环境污染问题。因此,共挤出复合也是一种"绿色"的复合技术,有着广泛的发展前景。

六、涂布复合

涂布复合是指利用高分子溶液或者乳液,在已制得的塑料薄膜(或纸张)的一个(或两个)表面上涂布一层薄薄的、连续而致密的特定涂层。它是制造复合薄膜的一种加工方法。采用涂布法制造的复合薄膜不仅可以将涂布层做得很薄,从而有效地节约原料,而且可以制造常规塑料成型加工不能或者难于制造的一些品种。因此,尽管涂布加工中要通过加热排除溶液中的溶剂或者乳液中的水分,需要消耗大量的能量,但如果应用得当,涂布工艺亦可获得良好的社会效益和良好的经济效益。

涂布工艺制造的复合薄膜有多种应用形式,有的在涂布之后即可直接用于包装,如 BOPP 涂布高阻隔的偏聚二氯乙烯(K-BOPP),有的涂布型复合薄膜则只能用于复合薄膜的基材,需要经过进一步复合加工,增设热封层、防潮层等功能层之后才能供实际应用。如 CPP 膜涂布聚乙烯醇后,因聚乙烯醇的吸湿性较强,必须在涂层上复合一层聚烯烃层,作为防潮、热封层,才具有实际使用价值。

第四节 复合包装材料的应用

一、复合材料在包装中的应用

为了使包装材料适应现代流通发展的需要,除了对原有包装进行多方面的改进外,一个重要的发展方向就是多种复合技术,即设法将几种材料复合在一起,使其兼具不同材料的优良性能。如金属内涂层、玻璃瓶外涂膜、纸上涂蜡,或将塑料薄膜与铝箔、纸、玻璃纸及其他具有特殊性能的材料复合在一起,以改进包装材料的透气性、透湿性、耐油性、耐水性、耐药品性、刚性;使其发挥防虫、防尘、防微生物,对光、香、臭等气味进行隔绝性及耐热、耐寒、耐冲击的作用,具有更好的机械强度和加工适用性能,并产生良好的印刷及装饰效果。现代流通对包装的要求可以概括为:牢固、环保、经济、实用、便捷。

从实用的角度来划分,当今使用的复合包装材料主要有以下几类。

(一)防腐复合包装材料在包装中的应用

这种材料可以解决铁及某些非铁制品的防腐难题的复合包装材料。这种复合材料的外层是一种包装用牛皮纸,其中一层是涂蜡的牛皮纸,另有两层含蜡或沥青涂膜,并加进适量防腐剂,防腐剂能够有控制地从涂层中挥发出来,从而附着在被包装金属物表面,形成一层看不见的薄膜,在任何条件下都可保护内装金属物,防止被腐蚀。

(二)耐油复合包装材料在包装中的应用

耐油型复合包装材料的商品名为"赛盖派克",它克服了普通材料包装食品时,特别是肉类商品时会紧贴在食品上,或有时会在表面结成硬皮的缺点。这种材料由双层复合膜组成,外层是具有特殊结构和性质的高密度聚乙烯薄膜,里层是半透明的塑料,具有薄而坚固的特点,完全无毒,可以直接接触食品。用双层叠加膜包装食品,可以保持食品原有的色、香、味。由于它不渗透油脂和肉类食品的血渍,且不会黏着于食品上,所以应用面很广。

(三)替代纸包装材料在包装中的应用

这是一类用于填充、缓冲、衬垫,并可独立使用的复合包装材料,多是树脂类塑料的衍生物。一般作为纸和纸板的代用品。它的主要优点是可通过热加工成形工艺来压制出各种适用于不同商品形状的专用包装材料,可提高包装作业效率和包装材料使用效率,并可印刷和折叠,比纸和纸板结实、耐用,防潮性能极好,可以热封合,没有纤维方向,尺寸稳定。作为独立包装物时,易于印刷各种图案加以装饰。

(四)特殊复合包装材料在包装中的应用

这类材料主要是指一类专用的食品包装材料,可使食品的保存期增加数倍,材料无毒,是用含有明胶与马铃薯淀粉及食用盐等材料复合而成的,有人造"果皮"之称,可用于储存蔬菜、水果、干酪和鸡蛋。在运输时多不作为独立包装使用。

(五)防滑复合包装材料在包装中的应用

这是用于化肥、水泥及各种重物的包装袋,为方便堆码一般要求包装物外层粗糙,摩擦系数小,而内层要光洁,方便使用,并要考虑到包装物的承重能力。这类包装材料至少需要两层或两层以上薄膜复合而成。

(六)防蛀复合包装材料在包装中的应用

这是一种防蛀虫的胶黏剂,用在包装食品的复合包装材料中,可使被包装的食品长期保存而不生蛀虫。但这种胶黏剂有毒,不可直接用于食品包装。

另外,大多包装用复合材料都具有气体和潮湿隔绝性能。这里就不再介绍,常用复合包装材料的构成、特性和用途可见表6-1。

表6-1 常用复合包装材料的构成、特性和用途表

名称(构成)	特性	用途
纸/PE	防潮、价廉	饮料、调味品、冰淇淋
玻璃纸/PE	表面光泽好、无静电、阻气、可热合	糖果、粉状饮料
BOPP/PE	防潮、阻气、可热合	饼干、方便面、糖果、冷冻食品
PET/PE	强度高、透明、防潮、阻气	奶粉、化妆品
铝箔/PE	防潮、阻气、防异味透过	药品、巧克力
OPP/CPP	强度高、耐针刺性好、透明、可热合	含骨刺类冷冻食品
LLDPE/LDPE	易封口、强度好	牛奶
PET/镀铝/PE	金属光泽、抗紫外线	化妆品、装饰品
PET/铝箔/CPP	易封口、耐蒸煮、阻气	蒸煮袋
PET/黏合层/PVDC/黏合层/PP	阻气、易封口、防潮、耐水	肉类食品、奶酪
LDPE/HDPE/EVA	易封口、刚性好	面包、食品
纸/PE/铝箔/PE	保湿、防潮、抗紫外线	茶叶、药品、奶粉
取向尼龙/PE/EVA	封口强度高、耐穿刺、阻气	炸土豆片、腌制品

二、复合材料在未来的可持续发展

为了使复合材料能持续发展,必须确定若干新的生长点并加以研究推动,使之逐步成为复合材料发展中的主力军。此外,也要针对复合材料发展中存在的问题和暴露的矛盾进行深入研究,使之不断完善。这样,才可能使复合材料在与其他传统材料的竞争中具有优势。

确定复合材料发展的新领域,首先应看领域的科学性,其次

要依据时代的需求,最后是考察能否充分体现复合材料的特色和势。根据这些原则,以下领域具备作为未来发展重点的要求。

(一)可持续发展的重点要求

1. 复合材料的多项发展

过去复合材料主要用于结构,其实它的设计自由度大的特点更适合于发展功能复合材料,特别在由功能—多功能—机敏—智能复合材料,即从低级形式到高级形式的过程中体现出来。设计自由度大是由于复合材料可以任意调节其复合度、选择其连接形式和改变其对称性等因素,以期达到功能材料所追求的高优值。此外,复合材料所特有的复合效应更提供了广阔的设计途径。

(1)功能复合材料的发展

功能复合材料目前已有不少品种得到应用,但从发展的眼光看还远远不够。功能复合材料涉及的范围非常宽。在电功能方面有导电、超导、绝缘、吸波(电磁波)、半导电、屏蔽或透过电磁波、压电与电致伸缩等;在磁功能方面有永磁、软磁、磁屏蔽和磁致伸缩等;在光功能方面有透光、选择滤光、光致变色、光致发光、抗激光、X射线屏蔽和透X射线等;在声学功能方面有吸声、声呐、抗声纳等;在热功能方面有导热、绝热与防热、耐烧蚀、阻燃、热辐射等;在机械功能方面则有阻尼减振、自润滑、耐磨、密封、防弹装甲等;在化学功能方面有选择吸附和分离、抗腐蚀等,其他不一一列举。在上述各种功能中,复合材料均能够作为主要材料或作为必要的辅助材料而发挥作用。

(2)多功能复合材料的发展

复合材料具有多组分的特点,因此必然会发展成多功能的复合材料。首先是形成兼具功能与结构的复合材料,这一点已经在实际应用中得到证实。例如,美国的军用飞机具有的隐身功能,即在飞机的蒙皮上应用了吸收电磁波的功能复合材料来躲避雷达跟踪,而这种复合材料就是高性能的结构复合材料。目前正在研制兼有吸收电磁波、红外线并且可以作为结构的多功能复合材料。可以说，向多功能方向发展是发挥复合材料优势的必然趋势。

（3）机敏复合材料的发展

人类一直期望着材料具有能感知外界作用而且做出适当反应的能力。目前已经开始将传感功能材料和具有执行功能的材料通过某种基体复合在一起，并且连接外部信息处理系统，把传感器给出的信息传达给执行材料，使之产生相应的动作，这样就构成了机敏复合材料及其系统。它能够感知外部环境的变化，做出主动的响应，其作用可表现在自诊断、自适应和自修复的能力上。预计机敏复合材料将会在国防尖端技术、建筑、交通运输、水利、医疗卫生、海洋渔业等方面有很大的应用前景，同时也会在节约能源、减少污染和提高安全性上发挥很大的作用。

（4）智能复合材料的发展

智能复合材料是功能类材料的最高形式。实际上它是在机敏复合材料基础上向自决策能力上的发展，依靠在外部信息处理系统中增加的人工智能系统对信息进行分析，给出决策，指挥执行材料做出优化动作。这样就对材料的传感部分和执行部分的灵敏度、精确度和响应速度提出了更高的要求。

2.纳米复合材料的发展

当材料尺寸进入纳米范围时，材料的主要成分集中在表面，例如直径为 2nm 的颗粒表面原子数将占有整体的 80%。巨大的表面所产生的表面能使具有纳米尺寸的物体之间存在极强的团聚作用而使颗粒尺寸变大。如果能将这些纳米单元体分散在某种基体之中构成复合材料，使之不团聚而保持纳米尺寸的单个体（颗粒或其他形状物体），则可发挥其纳米效应。这种效应的产生来源于其表面原子呈无序分布状态而具有的特殊性质，表现为量子尺寸效应、宏观量子隧道效应、表面与界面效应等。由于这些效应的存在，使纳米复合材料不仅具有优良的力学性能，而且会产生光学、非线性光学、光化学和电学的功能作用。

(1)有机—无机纳米复合材料

目前有机无机分子间存在相互作用的纳米复合材料发展很快,因为该种材料在结构与功能两方面均有很好的应用前景,而且具备工业化的可能性。有机无机分子间的相互作用有共价键型、配位键型和离子键型,各种类型的纳米复合材料均有其对应的制备方法,例如制备共价键型纳米复合材料基本上采用凝胶溶胶法。该种复合体系中的无机组分是用硅或金属的烷氧基化合物经水解、缩聚等反应形成硅或金属氧化物的纳米粒子网络,有机组分则以高分子单体引入此网络并进行原位聚合形成纳米复合材料。该材料能达到分子级的分散水平,所以能赋予它优异的性能。配位型纳米复合材料是将有功能性的无机盐溶于带配合基团的有机单体中,使之形成配位键,然后进行聚合,使无机物以纳米相分散在聚合物中形成纳米复合材料。该种材料具有很强的纳米功能效应,是一种有竞争力的功能复合材料。新近发展迅速的离子型有机—无机纳米复合材料是通过对无机层状物插层来制得的,因此无机纳米相仅有一维是纳米尺寸。由于层状硅酸盐的片层之间表面带负电,所以可先用阳离子交换树脂借助静电吸引作用进行插层,而该树脂又能与某些高分子单体或熔体发生作用,从而构成纳米复合材料。研究表明,这种复合材料不仅能作为结构用也可作为功能材料,并且已显示出具有工业化的可能。

(2)无机—无机纳米复合材料

无机—无机纳米复合材料虽然研究较早,但发展较慢,原因在于无机的纳米粒子容易在成型过程中迅速团聚成晶粒长大,因而丧失纳米效应,目前正在努力改善之中。采用原位生长纳米相的方法,可以制备陶瓷基纳米复合材料和金属基纳米复合材料,它们的性能有明显改善。

3.仿生复合材料的发展

天然的生物材料基本上是复合材料。仔细分析这些复合材料可以发现,它们的形成结构、排列分布非常合理。例如,竹子以管式纤维构成,外密内疏,并呈正反螺旋形排列,成为长期使用的优良天然材料。又如,贝壳是以无机质成分与有机质成分呈层状交替叠层而成,既具有很高的强度又有很好的韧性。这些都是生物在长期进化演变中形成的优化结构形式。大量的生物体以各种形式的组合来适应自然环境的考验,优胜劣汰,为人类提供了学习借鉴的途径。因此,可以通过系统分析和比较,吸取有用的规律并形成概念,把生物材料方面的知识结合材料科学的理论和手段,来进行新型材料的设计与制造,因此逐步形成新的研究领域——仿生复合材料。正因为生物界能提供的信息非常丰富,以现有水平还无法认识其机理,所以这种复合材料具有很强的发展潜力。

(二)开拓与创新

要使复合材料得到迅速而稳步的发展,须深入研究其基础问题,同时应不断提高设计水平和创造新的制备方法,这样才能给复合材料注入新的活力,使之具有竞争的实力。

1. 复合材料基础理论问题

复合材料的基础理论问题较多,最突出的当属界面问题和可靠性问题。

(1)界面研究 界面问题是复合材料特有而重要的问题。复合材料性能受界面结构的影响极大,应成为始终坚持不懈的基础性研究课题。

对各种基体的复合材料结构要进行细致的考察,改进包括迄今尚未完善的表征方法,优化界面的设计和研究界面改性方法,以及提高界面上残余应力行为等的研究水平。

(2)可靠性研究 可靠性问题也是制约复合材料发展的关键问题,需要给予足够重视。

复合材料的可靠性与其组分、设计、加工工艺和环境等密切相关,同时也需要进一步完善评价、检测和监控的方法。

2.复合材料新的设计和制备方法

除了需要对复合材料现有的设计和制备方法不断深化提高外,还必须开辟新的途径。

(1)新型设计方法。由于计算机和信息技术的高度发展,给复合材料的新设计方法提供了优越的创造条件,从而引出了虚拟设计等新思路。

(2)新的制备方法。目前已经出现制备复合材料的新工艺,如树脂迁移模塑法、含增强体的反应注射成型以及电子束固化等新工艺,既提高了工艺效率,又改善了制品质量。一些新的复合技术,如原位复合、自蔓延技术、梯度复合以及其他一些新技术已经崭露头角,显示出各自的特点,这也是复合材料发展的驱动力。

第七章　包装辅助材料与其他包装材料加工技术

包装工业,除了要用纸、塑料、金属、玻璃等包装材料外,还需要一些其他材料与这些包装材料配合才能构成完整的包装容器或形成一个完整的包装,这些材料就是包装辅助材料。包装辅助材料通常包括各种胶黏剂、涂料等。除此之外,本章还分析了其他材料加工技术等。

第一节　包装用胶黏剂与涂料

胶黏剂和涂料是生活和生产中不可缺少的材料,也是包装中的基本材料之一。

一、包装胶黏剂的基本构成

胶黏剂又称黏合剂,在包装和印刷中,制作包装盒、包装箱等包装容器或使用各种包装标签时,胶黏剂是一种基本材料。

胶黏剂一般由几种成分组成。它通常是以具有黏性或弹性体的天然产物或合成高分子化合物(无机胶黏剂除外)为基料,并加入固化剂、填料、增韧剂、稀释剂、防老化剂等添加剂组成的一种混合物。对于每一种胶黏剂来说,并不都需要所有组分,这主要取决于胶黏剂的性质和使用要求。

第七章 包装辅助材料与其他包装材料加工技术

(一)基料

基料又称为基体,也称胶黏剂的骨架,是胶黏剂的主要而必需的成分,它使胶黏剂具有黏附的特性。基料通常是由一种或几种高分子化合物混合而成,如淀粉、天然橡胶、合成橡胶、合成树脂等。基料一般应具有以下效能。

(1)对被黏结制品或包装材料应有良好的黏附性和润湿性。

(2)基料应具有一定的强度和韧性。

(3)对被黏结制品或包装材料不产生化学反应及腐蚀,而且有耐使用介质的作用。

(4)应具有一定的耐热性能,能经受得住使用过程中一定范围内的温度变化。

(5)基料本身应具有一定的耐老化性能,并能融入某些有机溶剂中。

有时,单独使用一种热固性树脂作基料,不能满足胶黏剂多种性能的要求。因而常在基料中加入橡胶或热塑性树脂或其他热固性树脂,来改善胶黏剂的性能。例如,在热固性树脂中加入橡胶,可增加黏结层的柔韧性,从而使抗冲击、弯曲、剥离强度得到提高。

(二)固化剂

固化剂又称硬化剂或熟化剂。它能使线型分子形成网型或体型结构,从而使胶黏剂固化。一般按基料固化反应的特点和需要形成黏结层膜的要求(如硬度、韧性等)及由使用时的情况等来选择固化剂,也可以根据使用要求与具体条件进行选择。

(三)填料

填料的加入可以增加胶黏剂的弹性模量,降低膨胀系数,减少固化收缩率,增加黏度、抗冲击韧性,提高使用温度、耐磨性能、胶结强度,改善胶黏剂耐水、耐介质性能和耐热、耐老化性能等。

此外，由于填料的加入也可相应地降低胶黏剂的生产成本。

当然，填料的加入也有不利的一面，即增加了胶黏剂的重量，降低黏度而不利于涂刷施工，有些还会使胶黏剂失去原有的透明度，并容易造成气孔等。

(四)增韧剂

增韧剂能改善胶黏剂的性能，增加韧性、降低脆性，提高黏结层的抗剥离、抗冲击能力，而且可以改善胶黏剂的流动性、耐寒性与耐震性等，但同时会使胶黏剂的抗剪强度、弹性模量、耐热性能等有所降低。增韧剂按其是否参与固化反应情况，可分为惰性增韧剂与活性增韧剂。

惰性增韧剂是高沸点液体或低熔点固体有机物，与基料有良好的相溶性，它不参与胶黏剂的固化反应，仅为机械混合。常用的增韧剂有邻苯二甲酸二丁酯、邻苯二甲酸二辛酯、磷酸三苯酯等。

活性增韧剂在起增韧作用时，参与胶黏剂的固化反应，并进入到固化产物最终形成的一个大分子链结构中。常用的活性增韧剂有低分子聚酰胺树脂、低分子聚硫橡胶等。

(五)稀释剂

稀释剂的主要作用是降低黏度，以便于涂刷作业，同时也延长黏结剂的使用时间。稀释剂分为两大类。一类为非活性稀释剂，又称为溶剂，如丙酮、甲乙酮、醋酸乙酯、苯、甲苯等。它不参与胶黏剂的固化反应。另一类是活性稀释剂，它既可以降低胶黏剂的黏度，又参与胶黏剂的固化反应，如环氧丙烷丙基醚、甘油环氧树脂等。稀释剂能克服因溶剂挥发不彻底而使胶黏剂性能下降的缺点。但活性稀释剂一般都有毒性，易造成皮肤过敏等，使用时应注意作业人员和劳动环境的保护。

(六)固化促进剂及着色剂

在热固性胶黏剂中，凡能加速固化反应或降低固化反应温度的物质叫固化促进剂,如环氧树脂胶黏剂中常用的叔胺、酚类、硫脲等。

使胶黏剂形成所要求的颜色,称为着色剂。它可使胶黏剂黏结或黏补好的制品外表美观。在胶黏剂的组成中,除了上述几个组分外,还可以加入其他特殊组分,如抗紫外老化剂、抗蚀剂等。

二、包装用胶黏剂的分类

胶黏剂的品种繁多,用途各异,一般按照胶黏剂的基料性质来进行分类,分为有机胶黏剂和无机胶黏剂两大类。

(一)有机胶黏剂

有机胶黏剂有天然胶黏剂和合成胶黏剂。天然胶黏剂有骨胶、虫胶、淀粉、糊精、松香等。合成胶黏剂品种很多,主要有树脂型胶黏剂、橡胶型胶黏剂和混合型胶黏剂。天然胶黏剂常用于黏结纸张、木材和皮革等。天然胶黏剂的来源少,性能不够完善,现在的使用量已大为减少。

合成胶黏剂发展很快,品种很多,性能也很优良。树脂型胶黏剂的黏结强度高,硬度、耐热、耐介质的性能都很好,但较脆,韧性和起黏性较差。橡胶型胶黏剂有很好的起黏性和柔韧性,抗震、抗弯曲性能比较好,但强度和耐热性比较低。混合型胶黏剂是将树脂与橡胶或多种树脂、橡胶混合使用,相互掺混,既提高强度,又增加柔韧性。

合成树脂型胶黏剂又可分热固性树脂胶黏剂和热塑性树脂胶黏剂两大类。热固性树脂胶黏剂是通过加热固化后成为坚硬的不熔的物质,再加热不会变软,如环氧树脂、脲醛树脂、不饱和聚酯树脂、聚氨酯等。热塑性树脂胶黏剂加热时会软化,冷却后变硬,有一定的强度,再受热后又会软化,如聚醋酸乙烯酯、聚氯乙烯、聚酰胺、聚乙烯醇等。

(二)无机胶黏剂

无机胶黏剂有磷酸盐类胶黏剂、硼酸盐类胶黏剂、硅酸盐类胶黏剂。在包装业中用得最多的是硅酸盐类胶黏剂,例如硅酸钠胶黏剂(也称水玻璃)。

三、包装中常用胶黏剂

(一)合成树脂类胶黏剂

合成树脂胶黏剂是当今产量最大、品种最多、应用最广,也是对经济、科技及包装发展影响最大的胶黏剂。

合成树脂胶黏剂可分为热塑性、热固性和复合型三种类型,而热塑性胶黏剂又分为热熔型胶黏剂、溶剂型胶黏剂和乳液型胶黏剂三个品种。

1.热塑性胶黏剂

热塑性品种之一是乳液型胶黏剂。乳液型胶黏剂一般以水为分散介质,成本较低、无毒、色浅,有良好的稳定性和作业适应性,而且聚合物乳液的树脂的相对分子量可以很高,因此胶黏剂膜的强度较好。如乳液胶黏剂不用加热或固化剂就能较快固化。乳液胶黏剂的最大缺点是耐水性不佳、蠕变性较大,这两个缺点一般可通过提高树脂的相对分子量得到一定的改善。乳液型胶黏剂最具代表性的是聚醋酸乙烯及其共聚物。

醋酸乙烯为无色液体,有醋酸气味,不溶于水,能溶于醇、酯、酮及甲苯。在常温下能缓慢聚合,在光、热或过氧化物作用下,聚合急剧加速。它的蒸气有微毒,使用和保存时要注意安全。

聚醋酸乙烯乳液胶黏剂在胶黏剂市场上有很高的占有率。这是由于它的稳定性好,能和填料、增塑剂等很好地混合,黏度可以自由调节,有良好的早期黏结强度等优点。聚醋酸乙烯乳液可单独使用,也可与脲醛树脂掺混,主要用于木材的黏结。例如,胶合板、塑料层合板等木材与木材、木材与塑料薄膜的黏结加工。与脲醛树脂并用不仅可以降低成本,还可以提高黏结层的抗水性和耐热性。聚醋酸乙烯乳液还可用作纸张的黏结,用于自动包装、硬纸板加工、铝箔与玻璃纸的层压等。

醋酸乙烯与其他单体共聚可以制得多种乳液胶黏剂。将醋酸乙烯与乙烯共聚,可以制得 EVA 乳液胶黏剂。由于在醋酸乙烯中引入了乙烯,使醋酸乙烯基间的距离拉大,因而空间位阻减小,使聚合物主链变得柔软,起到内增塑的作用。EVA 乳液胶膜能耐寒、耐酸、耐碱,对氧、臭氧和紫外线较稳定,与其他树脂相溶性好,无毒、储存期较长,低温成膜性较好,可用于黏合纸板和加工纸、纸箱的封合、缠管、贴标签、贴包装盒开窗薄膜及塑料薄膜、无纺布、铝箔等的黏结。

热塑性品种之二是溶剂型胶黏剂。溶剂型胶黏剂是包装中比较常用的一类胶黏剂。将热塑性聚合物、天然橡胶或合成橡胶等物质用适当的溶剂溶解,即可制成溶剂型胶黏剂。大部分溶剂型胶黏剂是以有机溶剂为溶剂,也有部分以水为溶剂。溶剂型胶黏剂主要有聚乙烯醇溶剂型胶黏剂和纤维素衍生物溶液型胶黏剂。

聚乙烯醇溶剂型胶黏剂。聚乙烯醇的单体是不稳定的,因此它不能由单体直接聚合而制得,而是由醋酸乙烯在甲醇中的聚合物经水解而制得。

纤维素衍生物溶剂型胶黏剂。纤维素衍生物树脂及混合纤维素树脂都可以制成溶液型胶黏剂。包装工业中常用的纤维素衍生物胶黏剂有下面四种。

其一,硝酸纤维素胶黏剂。它是由低硝化度的纤维素、增黏剂、溶剂及其他助剂配制而成。溶剂主要有丙酮、醋酸乙酯、甲乙酮、乳酸乙酯等。

其二,醋酸纤维素胶黏剂。这种胶黏剂是由醋酸纤维素溶解于丙酮、醋酸乙酯等溶剂中而成。醋酸纤维素由于其黏度较高,使用时必须要加稀释剂才能使用。

其三,乙基纤维素胶黏剂。这种胶黏剂是纤维素醚类胶黏剂的代表,具有很好的挠曲性和耐化学介质性,适用于纸加工、织物类及金属箔等的黏结。

其四,甲基纤维素胶黏剂。甲基纤维素的水溶液加热后黏度下降,然后突然凝胶化,冷却后又分解恢复成黏液状。甲基纤维素胶黏剂可用作纸张的耐油胶黏剂,也可用作淀粉、糊精、骨胶、合成树脂乳液及橡胶树脂乳液胶黏剂的增稠剂及保护胶体。

溶剂型胶黏剂除上面介绍的两类外,还有聚醋酸乙烯、聚丙烯酸酯、聚酰胺等。聚酯酸乙烯溶剂型胶黏剂用于黏合玻璃纸、纸、织物及某些塑料。聚丙烯酸酯主要用于黏结塑料、有机玻璃、纸、玻璃纸等。

热塑性品种之三是热熔型胶黏剂。这是一种以不含溶剂或水的热塑性树脂为基材的固体胶黏剂。其受热时熔融,与被黏物黏结,黏结界面在冷却后固化,而且具有一定的黏结强度。这类胶黏剂又称为热熔胶。

热熔型胶黏剂属多组分胶黏剂。它以热塑性树脂为黏结料,加入增黏剂和石蜡等配制而成。按不同性能要求,可适量加入增塑剂、抗氧剂和填料等。

由于热熔型胶黏剂具有固化速度快、多功能、黏结范围广等特点,在包装、纸制品加工、木工、纤维加工等部门已有很长的应用历史。目前又在某些领域中开拓了新的用途。例如,罐头的封合,过去全都采用机械方法,现已采用热熔型胶黏剂黏结。

2. 热固性树脂胶黏剂

热固性胶黏剂是以热固性高分子化合物为主要黏结物质的胶黏剂,可以是单组分的,也可以是两种以上组分的。

大多数热固性树脂胶黏剂是由含多官能团的线性聚合物或单体,在固化剂或引发剂的作用下,发生不可逆的化学反应,或在加热等其他因素的作用下转变成不溶不熔物,从而获得一定的黏结能力。

热固性胶黏剂耐热性、耐水性及耐腐蚀性好,蠕变小,黏结强度高,常用于要求强度高的结构件的黏结。对于主要是薄膜、金属箔、纸和片材的黏结,热固性胶黏剂一般应用得较少。

用作热固性胶黏剂的主要树脂有氨基树脂、酚醛树脂、环氧树脂、聚氨酯树脂等。

3. 复合型树脂胶黏剂

热塑性树脂胶黏剂和热固性树脂胶黏剂各有其特点,为了在某些特殊的场合及在结构件上应用,往往需要具有综合性能的胶黏剂——复合型树脂胶黏剂。复合型树脂胶黏剂品种很多,在包装中使用最多的是乙烯—醋酸乙烯共聚物、丁腈—酚醛树脂等。乙烯—醋酸乙烯共聚物在前面已介绍过,下面只介绍丁腈—酚醛树脂。

丁腈橡胶因含有腈基,因而对金属有很好的黏合强度。如果再加上羧基,则使金属的黏结性有进一步的提高。用这样的活性基化合物与酚醛树脂复合,在加热时一方面酚醛与丁腈橡胶中的双键结合而固化,另一方面丁腈橡胶中的腈基与酚醛树脂的羟甲基反应,具有和硫化同样的交联作用,以此形成很高的胶黏效果。

(二)天然胶黏剂及无机胶黏剂

天然胶黏剂是人类应用最早的胶黏剂,按来源可分为动物胶、植物胶和矿物胶等。而按化学结构可分为葡萄糖衍生物、氨基酸衍生物及其他天然树脂等。无机胶黏剂也称为无机胶,例如水泥、石膏、水玻璃及其他无机胶黏剂等都有非常广泛的应用范围。

1. 葡萄糖衍生物胶黏剂

从植物中提取出的胶质多数是葡萄糖衍生物,它包括淀粉、糊精、阿拉伯树胶及海藻酸钠等。

淀粉糊在热的时候黏度较低,冷却时黏度和凝胶强度都增大。以尿素、硫脲作糊化剂时黏度较低,而以硼砂与氧结合,则具有交联效果,使糊液黏度升高,在达到一定浓度时流动性消失。

2. 氨基酸衍生物胶黏剂

氨基酸衍生物胶黏剂是主要由氨基酸组成的蛋白质类胶黏剂,用于包装中的这类胶黏剂主要有酪朊、骨胶等。

酪朊又称酪素或干酪素,是动物乳汁中的含磷蛋白。在牛乳中约占3%,以酸性悬浮的酪朊钙形式存在,是酪朊的主要成分。系无嗅无味、白色至黄色的透明固体或粉末,密度为 $1.25 \sim 1.31$ g/cm^3。溶于稀碱液、碱性碳酸盐溶液和浓酸,在弱酸中沉淀;不溶于水、醇及醚,有吸湿性,干燥时稳定,潮湿时易变质。与蛋类蛋白质不同的是,加热不易凝固。

酪朊使用时先加水使其膨胀,再加入一些碱性附加剂使其易于溶解,然后加热、搅拌,使其配成25%的溶液。新加的碱性附加剂可选用硼砂、氨水、氢氧化钠、磷酸钠、碳酸钠、硅酸钠等。

酪朊胶黏剂特别适用于木材制品(包括软木、纸张、胶合板、纤维板等)的黏结加工,以及木材与金属、陶瓷、塑料、玻璃等异种材料的黏结。若在酪朊胶黏剂中加入橡胶乳液等柔软的胶黏剂,将会产生更好的效果。

骨胶是骨胶朊衍生的蛋白质的总称,属于硬蛋白,水解后变为明胶。明胶除纯度高、品质好以外,与骨胶没有明显的区别。

骨胶对皮革、纸张、金属、木材等都有很强的黏合力,被广泛用于包装中。例如,胶合板、木材的黏结,可涂在纸的背面制成胶粘带,用以密封硬纸板及皱纹纸的包装箱,也可用于纸袋、纸盒的黏结。

3. 其他天然树脂

在天然胶黏剂中,除葡萄糖衍生物、氨基酸衍生物外,还有一些其他的动植物树脂和矿物树脂,如木素、单宁、生漆、松香、虫胶、沥青等。在实际包装工业中生漆、松香、虫胶、沥青使用较多，如松香树脂胶黏剂可直接用于金属材料，尤其是金属箱包装材料的黏结。虫胶胶黏剂特别适用于金属的黏结及塑料等的黏结。

无机胶黏剂是包括范围相当广泛的一类黏结材料，如水泥、石膏、硅酸盐等。这里介绍包装中使用的硅酸钠（水玻璃，俗称泡化碱）胶黏剂。

硅酸钠是由硅石与苛性钠（或苏打）加热熔融制得的无色、无臭、呈碱性的黏稠状溶液，它能以任何比例与水溶解。硅酸钠的黏结强度比淀粉高，但比骨胶、酪朊等差。干燥后的胶膜是脆性的，而且不溶于水，耐热、耐火性很好。硅酸钠胶液呈碱性，易污染被黏物品，这是它的主要缺点。

硅酸钠胶黏剂主要用于瓦楞纸板的制造，也可作层合胶黏剂生产坚固的硬纸板，还可作螺旋纸管的胶黏剂。此外，硅酸钠也可作为其他胶黏剂的添加剂，例如可加入到干酪素或糊精胶黏剂中。

（三）橡胶类胶黏剂

橡胶是一类对各种物质都有良好黏结性能，而且是初期黏结力大的胶黏剂。同时橡胶所具有的弹性，对不同膨胀系数材料的体积收缩或膨胀，对耐冲击与震动的部件，都有相当出色的缓冲作用。但天然橡胶耐油和耐溶剂性能很差，与之接触会明显地膨胀或溶解。因此，在实际应用中都采用改性橡胶胶黏剂或合成橡胶胶黏剂。在包装中使用较多的是丁腈橡胶胶黏剂和丁苯橡胶胶黏剂等。

1. 丁腈橡胶胶黏剂

丁腈橡胶是由丁二烯和丙烯腈乳液聚合的共聚物。丁腈橡胶胶黏剂一般以丁腈橡胶为主体。为了提高黏结强度，可加入改性树脂，如改性酚醛树脂、醇酸树脂、聚氯乙烯树脂等。为了提高与金属的黏合性，可加入氯化橡胶。为了改进黏附性，还可使用双酯类、松脂酸或豆酮树脂等。为了增加柔软性和耐寒性,可使用邻苯二甲酸二丁酯等。为了提高丁腈橡胶胶黏剂的稳定性,可使用三甲基二氢喹啉等防老化剂。

丁腈橡胶胶黏剂的外观层是淡棕色到深棕色的黏稠液体,固含量为25%～30%,喷涂用的黏度为0.15～0.50 Pa·s,刷涂用的黏度为1.5～4.0 Pa·s。储存稳定性较差,储存期一般不宜超过半年。

丁腈橡胶在常温下的耐水性很出色,可以在高温场合下长期应用,但是在40℃以上的水中或在较高温度的水蒸气中强度就会下降。它还有良好的耐化学介质性,耐油性也比其他胶黏剂要好。

丁腈橡胶胶黏剂可根据用途制成溶液型、乳液型或低聚合度液态三种类型,适用于金属、塑料,尤其适用于黏结聚氯乙烯板材、聚氯乙烯泡沫塑料、聚氯乙烯织物等软质聚氯乙烯材料。例如,聚氯乙烯与金属、木材、硬质纤维板等制造的复合材料。

2. 丁苯橡胶黏剂

丁苯橡胶是由丁二烯与苯乙烯在25℃～50℃以上(高温丁苯橡胶)或在10℃以下(低温丁苯橡胶)乳液聚合制得的无规共聚物。

丁苯橡胶的固有黏附性较差,所以很少单独作胶黏剂使用,大多采用其他树脂来改进,黏附性、内聚强度和耐热性等这样一些性能。提高丁苯橡胶胶黏剂性能的树脂有松香、松香酯和一些热塑性酚醛树脂等。

丁苯橡胶可溶解于烃类溶剂中,并很容易分散而得到低黏度的胶液。丁苯橡胶可以通过下述方式制成胶黏剂。

(1)直接辊压在黏附物件或包装物上。

(2)与增黏树脂一起分散和溶解于溶剂中形成胶黏剂溶液。

(3)与乳化剂一起分散于水中制成乳胶。

四、包装涂料的组成

涂料原称油漆。随着技术的进步,各种高分子有机化合物(树脂)作为原料被广泛利用,使涂料产品发生了根本性变化。涂料是一种有机高分子胶体的混合物,大多数呈溶液或粉末状,涂于物体表面,能形成完整而坚韧的保护膜。所形成的保护膜称为涂膜,又称漆膜,如酚醛涂料、醇酸树脂涂料等。涂料在包装中主要起防腐蚀、装饰与色标的作用。

涂料一般由不挥发组分和挥发组分(溶剂或称稀释剂)组合而成。它涂刷在物体表面,其不挥发组分的成膜物质简称涂料的固体分(或固体含量),挥发组分则称挥发分。

成膜物质按在涂料中所起的作用,又可分为主要成膜物质、次要成膜物质和辅助成膜物质三种。主要成膜物质可以单独成膜,也可与黏结颜料等物质共同成膜。所以,它也是涂料中的胶黏剂。由于它是涂料的基础,因此也常称为基料、漆料或漆基。

(一)主要成膜物质

主要成膜物质也称固着剂,由于它的作用是将其他组分黏结成一个整体,并能附着在被涂物品表面形成坚韧的保护膜,所以这种物质应具有较高的化学稳定性,多属于高分子化合物。例如,天然及合成树脂,以及成膜后能形成高分子化合物的有机物质,如植物与动物油料。

(二)次要成膜物质

这是构成涂膜的基本组成部分,但它不能离开主要成膜物质而单独构成涂膜,这种成分就是涂料中使用的颜料。在涂料中加入颜料,不仅使涂膜性能得到改善,还可使涂料品种增加。

颜料是一种不溶于水、溶剂和漆基的粉状物质,但能扩散于介质中形成均匀的悬浮体。颜料在涂膜中不仅能遮盖被涂面和赋予涂膜以多彩的外观,而且还能起到增加涂膜的机械强度、阻止紫外线穿透、提高涂膜的耐久性和抵抗大气的抗老化作用。有些特殊颜料还能使涂膜具有抑制金属腐蚀、耐高温等特殊效果。

(三)涂料中的助剂

助剂是在涂料的组分中,除主要成膜物质、颜料和溶剂外,还有些用量虽小(千分之几到十万分之几),但对涂料性能及涂膜起重要作用的辅助成膜物质。

涂料中所使用的辅助成膜物质品种很多,按它们的作用特性,目前国内外常用的辅助成膜物质有表面活性剂、催干剂、固化剂、增塑剂等。

溶剂是涂料中的重要组成之一,主要用来溶解和稀释涂料的挥发性液体,在涂料中往往含有较大比重。它可以使涂料的黏度降低,便于操作和涂刷。另外还可以增加涂料储存的稳定性及提高涂料对物体表面的润湿性,使涂料便于渗入物体的空隙中去,增加涂层的附着力。所以,溶剂是涂料中的一个重要组分,如果没有它,涂料的制备、储存、施工都会带来困难。根据溶剂的性质,选择适宜的溶剂是非常重要的。

五、包装涂料的分类和命名

涂料的分类在国际上很不一致,目前暂无统一分类标准。下面仅介绍我国涂料的一般分类方法。

(一)涂料的分类原则

涂料产品分类是以其主要成膜物质为基础,若主要成膜物质有多种,则按其在涂膜中起决定作用的一种为基础。结合我国情况,涂料可划分为18类,见表7-1。

表 7-1　我国涂料的分类

序号	代号	名称	序号	代号	名称
1	Y	油脂	10	X	乙烯树脂
2	T	天然树脂	11	B	丙烯酸树脂
3	F	酚醛树脂	12	Z	聚酯树脂
4	L	沥青	13	H	环氧树脂
5	C	醇酸树脂	14	S	聚氨酯
6	A	氨基树脂	15	W	元素有机聚合物
7	Q	硝基纤维	16	J	橡胶类
8	M	纤维酯及醚类	17	E	
9	G	过氯乙烯树脂	18		其他辅助材料

(二)涂料命名及编号原则

涂料的命名原则规定,产品名称由颜料或颜色名称,成膜物质名称加基本名称所组成。基本名称采用了一部分过去已有的习惯名称,如清漆、调和漆、磁漆、烘漆、底漆等。

涂料型号分三部分,第一部分是成膜物质,用汉语拼音字母表示;第二部分是基本名称,用两位数字表示;第三部分是序号。如图7-1所示。

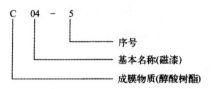

图 7-1　涂料型号标示

另外,辅助材料分两部分,第一部分是辅助材料种类,第二部分是序号。辅助材料种类,按用途划分:X—稀释剂,F—防潮剂,G—催干剂,T—脱漆剂,H—固化剂。其标示方法如图7-2所示。

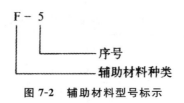

图 7-2 辅助材料型号标示

六、常用包装涂料

包装涂料发展很快,品种繁多,按其主要成膜物质不同,可分为多个系列。其中主要有以单纯油脂为成膜物质的油性涂料,如清漆、厚漆、油性调和漆;以油、天然树脂为主要成膜物质的油基涂料,如磁性调和漆;以合成树脂为主要成膜物质的涂料等大类。由于包装上常用涂料多以合成树脂为主要成膜物质,故以下主要介绍此类涂料。

(一)酚醛树脂涂料

酚醛树脂涂料又称酚醛漆,其主要成膜物质是酚醛树脂(或改性酚醛树脂)。酚醛树脂用于涂料中已有很长的历史,主要是代替天然树脂与干性油配合制漆。酚醛树脂作为主要成膜物质可以使漆膜有一定硬度并具有光泽、快干、耐水、耐酸碱等性能,所以被广泛应用。尤其是酚醛树脂的成本较低,所以酚醛树脂漆在涂料中占很大比重。酚醛树脂涂料应用较多的有改性酚醛树脂涂料与油溶性纯酚醛树脂涂料两类。

1.改性酚醛树脂涂料

在酚醛树脂分子中引入能与油或其他树脂相混溶的基团,而使酚醛树脂得以改性,这样就可制成具有各种不同性能的涂料。其中以松香改性酚醛树脂涂料最为主要。

松香改性酚醛树脂是将酚醛树脂与松香、甘油共煮,它的软化点比松香高 40℃~50℃,油溶性好,通过改性使酚醛树脂能溶入干性油,同时酚醛树脂又提高了甘油松香酯的耐水、耐油、耐化学等特性。

松香改性酚醛树脂与干性油构成了此类涂料的主要成膜物质。在此基础上加入不同种类的溶剂、颜料、催干剂等,就可制成各种类型的松香改性酚醛树脂涂料,如酚醛清漆、磁漆、底漆、防锈漆等。

2. 油溶性纯酚醛树脂涂料

油溶性纯酚醛树脂就是将纯酚醛树脂直接溶入油中,但不是所有的纯酚醛树脂都能溶入油中,只有用对苯基苯酚、对环己酚、对叔丁酚、对戊基苯酚制得的酚醛树脂才可溶入油中。由于酚环上引入烃基,随着烃基部分的增加,极性受到改变,作为一个整体的酚来看,就更接近烃的性质。这是它能溶入油中的主要原因。

纯酚醛树脂具有很好的耐水性、耐气候性、耐溶剂性等特性,与干性油(桐油)热炼,所制得的涂料的涂膜坚硬而有韧性,干燥快,附着力好。虽然耐气候性稍次于醇酸树脂涂料,但是耐水性、耐化学腐蚀性比醇酸树脂漆要高。

在包装中酚醛树脂涂料主要用于食品容器铁罐外壁涂装。

(二)醇酸树脂涂料

醇酸树脂是由多元醇、邻苯二甲酸酐和脂肪酸或油(甘油三脂肪酸酯)缩合聚合而成的油改性聚酯树脂。按脂肪酸(或油)分子中双键的数目及结构,可分为干性、半干性和非干性三类。干性醇酸树脂可在空气中固化;非干性醇酸树脂则要与氨基树脂混合,经加热才能固化。另外,也可按所用脂肪酸(或油)或邻苯二甲酸酐的含量,分为短、中、长和极长四种油度的醇酸树脂。醇酸树脂固化成膜后,有光泽和韧性,附着力强,并具有良好的耐磨性、耐候性和绝缘性等。

醇酸树脂是醇酸树脂涂料的主要成膜物质,作为涂料使用醇酸树脂一般需要经过改性,最普遍采用的是干性油改性。如果用这种树脂直接制作涂料,不仅性能很差、易脆裂,而且不能在有机溶剂中溶解，因此一般在醇与酸的缩聚过程中，需要加入干性油进行共缩聚。由于干性油是三个长碳链的油酸和甘油的酯化物质，链烃在油的结构中占很大比重，因而结构相似的链烃、环烃、二甲苯就能溶解油脂。另一方面油与纯醇酸共缩聚，能改善成膜物质的脆裂性，提高柔韧性，使涂膜具有良好的弹性。

醇酸树脂涂料是目前涂料中产量最多的一种合成树脂涂料。不仅它本身可以制成多种性能优越的品种，并且与其他类型树脂的混溶性很强，从而能提高和改进各种类型树脂漆的物理化学性能。醇酸树脂涂料具有耐候性、附着力好和光亮、丰满等特点，且施工方便，但涂膜较软，耐水、耐碱性欠佳。醇酸树脂可与其他树脂配成多种不同性能的自干或烘干磁漆、底漆、面漆和清漆，涂装用途十分广泛。

(三)氨基树脂涂料

1. 氨基树脂涂料的组成和分类

氨基树脂涂料是以氨基树脂和醇酸树脂为主要成膜物质的一种涂料。脲醛树脂、三聚氰胺甲醛树脂等都称为氨基树脂，它们由三聚氰胺、尿素、甲醛缩合而成。但单纯的氨基树脂经过加热固化后的漆膜很硬脆，附着力差，不能单独制漆，一般与醇酸树脂混合制漆。这样氨基树脂改善了醇酸树脂的硬度、光泽、烘干速度、漆膜外观，以及耐碱、耐水、耐磨的性能。醇酸树脂也改善了氨基树脂的脆性、附着力。由此所得的漆膜将兼有两种树脂的综合特性。

氨基树脂与醇酸树脂混合制漆，氨基树脂都要经丁醇醚化改性，才能溶解在有机溶剂中(丁醇、二甲苯)，并可与其他合成树脂相混溶。氨基树脂涂料一般分为三类：

高氨量——醇酸树脂:氨基树脂＝1～2.5∶1

中氨量——醇酸树脂:氨基树脂＝2.5～5∶1

低氨量——醇酸树脂:氨基树脂＝5～9∶1

氨基含量越高,膜的脆性增大,附着力越差,所以一般使用"中氨基"含量涂料的较多。

2.氨基树脂涂料的性能特点

(1)清漆色浅,不易泛黄。

(2)漆膜坚硬、附着力好、机械强度高,耐气候性好、装饰性很好。

(3)具有一定耐水、耐油、耐磨性能。

(四)环氧树脂涂料

环氧树脂是泛指含有两个或两个以上环氧基,以脂肪族、酯环族或芳香族等有机化合物为骨架并能通过环氧基团反应形成有用的热固性产物的高分子低聚体。当聚合度乃为零时,称之为环氧化合物,简称环氧化物。

环氧树脂是一种从液态到黏稠态、固态多种形态的物质。它几乎没有单独的使用价值,只有和固化剂反应生成三维网状结构的不溶不熔聚合物才有应用价值,因此环氧树脂归属于热固性树脂。

以环氧树脂为重要成膜物质的涂料,有很好的附着力和耐腐蚀性。有溶剂型、无溶剂型和粉末型三种。如环氧酯树脂涂料,是一种溶剂型环氧树脂涂料,耐化学腐蚀性和烘干温度都比热固化品种低,可由环氧树脂和脂肪酸反应制得。

环氧树脂涂料被广泛用于包装容器上,如作为软管(牙膏、鞋油等)、罐头、包装容器内壁涂料等。另外,目前在食品罐头涂料中使用较多的是以高分子量环氧树脂和酚醛树脂共聚而成的环氧酚醛涂料,可用于菜、肉类、禽类、水产食品罐头的内壁。

(五)丙烯酸树脂涂料

丙烯酸树脂涂料是一种比较新型的涂料。由于石油化业的迅速发展,合成丙烯酸树脂的单体品种增加,其成本大幅度降低,因而使其成为发展速度最快的合成树脂涂料之一。丙烯酸树脂涂料具有如下特点。

(1)优良的色泽及良好的保色、保光性能。由于丙烯酸树脂在大气及紫外光照射下不易发生断链、分解或氧化等化学变化，因此其颜色及光泽可以长期保持稳定，并可制成中性涂料。如调入铜粉、铝粉，能使涂层具有类似金银一样光辉的色泽，并且不会变暗。涂料长期保存也不会变质。

(2)良好的耐热性能(可在180℃以下使用)及突出的防湿、防霉等性能，也可以通过改变配方及工艺来控制漆膜的硬度、柔韧性、耐冲击性、抗水、抗油等性能。

丙烯酸树脂涂料还是一种优良的装饰性涂料，多用于各类罐头容器内外壁、蒸煮消毒的保护性涂装、包装用木器品、轻金属表面的涂装等。在商品外包装上使用较少。

第二节 其他包装材料加工技术

一、真空蒸镀技术

真空蒸镀，又称为真空镀膜，是指在一定的真空条件下加热被蒸镀材料，使其熔化(或升华)并形成原子、分子或原子团组成的蒸汽，凝结在基材表面成膜。

金属蒸镀是将金属加热至蒸发温度，然后蒸汽从真空室转移，在低温基材上凝结。该工艺在真空中进行，金属蒸汽到达表面不会氧化。在对树脂实施蒸镀时，为了确保金属冷却时所散发出的热量不使树脂变形，必须对蒸镀时间进行调整。此外，熔点、沸点太高的金属或合金不适合于蒸镀。

真空镀膜技术最初起源于20世纪30年代，直到70年代后期才得到较大发展。目前这种技术已被广泛应用于耐酸、耐蚀、耐热、表面硬化、装饰、润滑、光电通信、电子集成、能源等领域。

(一)真空镀膜技术的种类

相沉积法是真空镀膜制备薄膜的基本技术,要求沉积薄膜的空间要有一定的真空度。所以,真空技术是薄膜制作技术的基础,获得并保持所需的真空环境,是镀膜的必要条件。真空镀膜技术主要分为以下几大类。

1.真空蒸发镀膜技术

真空蒸发镀膜法(简称真空蒸镀)是在真空室中,加热蒸发容器中待形成薄膜的原材料,使其原子或分子从表面汽化逸出,形成蒸汽流,入射到固体(称为衬底或基材)表面,凝结形成固态薄膜的方法。蒸发源是蒸发装置的关键部件,根据蒸发源不同,真空蒸发镀膜法又可分为下列几种。

(1)电子束蒸发源蒸镀法(简称电子束蒸发镀)

电子束蒸发镀是将蒸发材料放入水冷铜坩埚中,直接利用电子束加热,使蒸发材料汽化蒸发后,凝结在基材表面形成膜,是真空蒸发镀膜技术中的一种重要的加热方法和发展方向。电子束蒸发克服了一般电阻加热蒸发的许多缺点,特别适合制作熔点薄膜材料和高纯薄膜材料。真空蒸镀技术根据电子束蒸发源的型式不同,又可分为环形枪、直枪(皮尔斯枪)、e型枪和空心阴极电子枪等几种。

环形枪是由环形的阴极来发射电子束,经聚焦和偏转后打在坩埚内使金属材料蒸发。它的结构较简单,但是功率和效率都不高,基本上只是一种实验室所用的设备。

直枪是一种轴对称的直线加速枪,电子从灯丝阴极发射,聚成细束,经阳极加速后打在坩埚中使镀膜材料熔化和蒸发。直枪的功率可变范围较大,有的可用于真空蒸发,有的可用于真空冶炼。直枪的缺点是蒸镀的材料会污染枪体结构,给运行的稳定性带来困难,同时发射灯丝上逸出的钠离子等也会引起膜层的玷污。

e型电子枪，即270°偏转的电子枪克服了直枪的缺点，是目前用得较多的电子束蒸发源之一。e型电子枪的特点是可以产生很高的功率密度，能熔化高熔点的金属，产生的蒸发粒子能量高，使膜层和基体结合牢固，成膜的质量较好。缺点是电子枪要求较高的真空度，并需要使用负高压，造成了其成本高昂，维护起来比较烦琐。

空心阴极电子枪是利用低电压、大电流的空心阴极放电产生的等离子电子束作为加热源。利用空心阴极电子枪蒸镀时，产生的蒸发粒子能量高、离化率也高，因此，成膜质量好。空心阴极电子枪对真空室的真空度要求比e型电子枪低，而且是使用低电压工作，相对来说，设备较简单和安全，造价也低。目前，在我国e型电子枪和空心阴极电子枪都已成功地应用于蒸镀及离子镀的设备中。

电子束蒸发源的优点有以下几点。

①电子束轰击热源的束流密度高，能获得远比电阻加热源更大的能量密度。因此，可以使高熔点材料蒸发，能有较高的蒸发速度。

②由于被蒸发材料是置于水冷坩锅内，因而可避免容器材料的蒸发，以及容器材料与蒸镀材料之间的反应，这对提高镀膜的纯度极为重要。

③热量可直接加到蒸镀材料的表面，因而热效率高，热传导和热辐射的损失少。

（2）电阻蒸发源蒸镀法

电阻加热蒸发法就是采用钨、钼等高熔点金属，做成适当形状的蒸发源，其上装入待蒸发材料，让电流通过，对蒸发材料进行直接加热蒸发，或者把待蒸发材料放入坩埚中进行间接加热蒸发。

利用电阻加热器加热蒸发的镀膜设备构造简单、造价便宜、使用可靠，可用于熔点不太高的材料的蒸发镀膜，尤其适用于对膜层质量要求不太高的大批量的生产中。

电阻加热方式的缺点是：加热所能达到的最高温度有限，加热器的寿命也较短。近年来，为了提高加热器的寿命，国内外已采用寿命较长的氮化硼合成的导电陶瓷材料作为加热器。

(3) 高频感应蒸发源蒸镀法

高频感应蒸发源是将装有蒸发材料的石墨或陶瓷坩埚放在水冷的高频螺旋线圈中央，使蒸发材料在高频带内磁场的感应下产生强大的涡流损失和磁滞损失（对铁磁体），使蒸发材料升温，直至汽化蒸发。在钢带上连续真空镀铝的大型设备中，高频感应加热蒸镀工艺已经取得了令人满意的结果。

高频感应蒸发源的特点有以下几个方面。

① 蒸发速率大，可比电阻蒸发源大10倍左右。

② 蒸发源的温度均匀稳定，不易产生飞溅现象。

③ 蒸发材料是金属时，蒸发材料可产生热量。所以，坩埚选用的蒸发材料可以是最小的材料。

④ 蒸发源一次装料，无须进料机构，温度控制比较容易，操作比较简单。

高频感应蒸发源的缺点有以下几点。

① 须采用抗热震性好、高温化学性能稳定的氮化硼坩埚。

② 蒸发装置必须屏蔽，并需要较复杂和昂贵的高频发生器。

(4) 激光束蒸发源蒸镀法

采用激光束蒸发源的蒸镀技术是一种理想的薄膜制备方法。这是由于激光器是可以安装在真空室之外，这样不但简化了真空室内部的空间布置，减少了加热源的放气，而且还可完全避免蒸发气对被镀材料的污染，达到膜层纯洁的目的。此外，激光加热可以达到极高的温度，利用激光束加热能够对某些合金或化合物进行快速蒸发。这对于保证膜的成分，防止膜的分馏或分解也是极其有用的。

激光蒸发镀的缺点是制作大功率连续式激光器的成本较高，所以它的应用范围有一定的限制，导致其在工业中的广泛应用有一定的限制。

2.磁控溅射镀膜技术

磁控溅射法又叫高速低温溅射法。目前磁控溅射法已在电学膜、光学膜和塑料金属化等领域得到广泛应用。磁控溅射法与蒸发法相比,具有镀膜层与基材的结合力强、镀膜层致密、均匀,设备简单、操作方便、控制简单等优点。在溅射镀膜过程中,只要保持工作气压和溅射功率恒定,基本上即可获得稳定的沉积速率。如果能精确地控制溅射镀膜时间,沉积特定厚度的膜层是比较容易实现的。

(1)磁控溅射在表面改性技术中的应用

应用磁控溅射技术,可以根据需要,在材料构件表面沉积一层薄膜,从而提高其表面的力学性能、抗腐蚀和耐磨损性能、抗高温氧化性能以及改善表面光学和电学性能,同时由该技术沉积的薄膜与基材的结合,比其他方法所沉积的薄膜牢固得多。火车煤燃汽轮机导向叶片和航空发动机涡轮叶片表面,使用磁控溅射技术沉积一层 CoCr—NiAlTa 合金可提高叶片抗高温氧化能力。在刀具刃口、引擎的表面,应用反应磁控溅射技术溅射沉积一层 TiC 或 TiN 薄膜,从而很大地提高了它们抗热、抗蚀和耐磨性。应用磁控溅射技术,在材料或构件表面沉积一层特殊性能的薄膜,从而起了改性的作用,效果令人满意,成功的例子不胜枚举,未来的应用前景非常乐观。

(2)等离子增强磁控溅射沉积技术(PMD)

美国的 Hughes 研究实验室首先研究开发了此项技术。它实际是一种等离子辅助沉积方法。在磁控溅射沉积的同时,高通量的离子轰击基体,具有低温、高优积速率、大面积三维复杂形状直接沉积的特点,无须复杂的工件转架。

PMD 技术的要点在于独立增强磁控溅射时的等离子体。目前增强等离子的手段有多种,但要在规模化生产中使用,必须是简便有效的。PMD 采用在同一真空室中热灯丝发射电子,并且与炉体之间产生强烈的弧光放电形式（还可以附加磁场）。如此产生的等离子体能量不仅密度高，而且结构简单，很适合工业化生产。

(3) 反应磁控溅射技术

制备化合物薄膜可以用各种化学气相沉积或物理气相沉积方法。但目前从工业大规模生产的要求来看，物理气相沉积中的反应磁控溅射沉积技术具有明显的优势，因而被广泛应用。

反应磁控溅射技术具有以下优点。

① 反应磁控溅射所用的靶材料（单元素靶或多元素靶）和反应气体（氧、氮、碳氢化合物等）通常很容易获得很高的纯度，因而有利于制备高纯度的化合物薄膜。

② 反应磁控溅射中调节沉积工艺参数，可以制备化学配比或非化学配比的化合物薄膜，从而达到通过调节薄膜的组成来调控薄膜特性的目的。

③ 反应磁控溅射沉积过程中基板温度一般不会有很大的升高，而且成膜过程通常也并不要求对基板进行很高温度的加热，因此对基板材料的限制较少。

④ 反应磁控溅射适于制备大面积均匀薄膜，并能实现单机年产上百万平方米镀膜的工业化生产。

但是，反应磁控溅射在 20 世纪 90 年代之前，通常使用直流溅射电源，因此带来了一些问题，主要是靶中毒引起的打火和溅射过程不稳定，沉积速率较低，膜的缺陷密度较高，这些都限制了它的应用和发展。

3. 离子镀膜

离子镀膜技术是在真空条件下，应用气体放电实现镀膜的，即在真空室中使气体或蒸发物质电离，在气体离子或被蒸发物质离子的轰击下，同时将蒸发物或其反应产物蒸镀在基材上。根据不同膜材的汽化方式和离化方式可分为不同类型的离子镀膜方式。膜材的汽化方式有电阻加热、电子束加热、等离子电子束加热、高频感应加热、阴极弧光放电加热等。

气体分子或原子的离化和激活方式有辉光放电型、电子束型、热电子型、等离子电子束型、多弧型及高真空电弧放电型,以及各种形式的离子源等。不同的蒸发源与不同的电离或激发方式可以有多种不同的组合。目前比较常用的组合方式有以下几种。

(1)直流二极型(DCIP)

利用电阻或电子束加热使膜材汽化;被镀基体作为阴极,利用高电压直流辉光放电将充入的气体 A(也可充少量反应气体)离化。这种方法的特点是:基板温升大、绕射性好、附着性好、膜结构及形貌差,若用电子束加热必须用差压板。可用于镀耐蚀润滑机械制品。

(2)阴极型

用电阻或电子束加热使膜材汽化。依靠热电子、阴极发射的电子及辉光放电使充入的真空惰性气体或反应气体离化。这种方法的特点是:基板温升小,有时需要对基板加热。可用于镀精密机械制品、电子器件装饰品。

(3)活性反应蒸镀法(ARE)

利用电子束加热使膜材汽化。依靠正偏置探极和电子束间的低压等离子体辉光放电或二次电子使充入的反应气体离化。这种方法的特点是:基板温升小,要对基板加热,蒸镀效率高,能获得 Al 热、WN、TiC 等薄膜。可用于镀机械制品、电子器件、装饰品。

(4)空心阴极离子镀(HCD)

利用等离子电子束加热使膜材汽化。依靠低压大电流的电子束碰撞使充入的气体 Ar 或其他惰性气体、反应气体离化。这种方法的特点是:基板温升小、要对基板加热、离化率高、电子束斑较大,能镀金属膜、介质膜、化合物膜。可用于镀装饰镀层、机械制品。

(5)射频离子镀(RFIP)

利用电阻或电子束加热使膜材汽化。依靠射频等离子体放电使充入的真空 Ar 及其他惰性气体、反应气体离化。这种方法的特点是：基板温升小、不纯气体少、成膜好、适合镀化合物膜，但匹配较困难。可应用于镀光学、半导体器件、装饰品、汽车零件等。

(6) 增强 ARE 型

用电子束进行加热使膜材汽化。充入 Ar 或其他惰性气体、反应气体 O_2、N_2、C_2H_2 等。离化方式是探极除吸引电子束的一次电子、二次电子外，增强极发出的低能电子也可促进气体离化。这种方法的特点是：基板温升小，要对基板加热。可用于镀机械制品、电子器件、装饰品等。

(7) 低压等离子体离子镀(LPPD)

利用电子束进行加热使膜材汽化。依靠等离子体使充入的惰性气体、反应气体离化。这种方法的特点是：基板温升小，要对基板加热，结构简单，能获得 Al_2O_3、TiN、TiC 等离子化合物镀层。可用于镀机械制品、电子器件、装饰品。

(8) 电场蒸发

用电子束进行加热使膜材汽化。依靠电子束形成的金属等离子体进行离化。这种方法的特点是：基板温升小，要对基板加热，带电场的真空蒸镀，镀层质量好。可用于镀电子器件、音响器件。

(9) 感应离子加热镀

用高频感应进行加热使膜材汽化。依靠感应漏磁进行离化。这种方法的特点是：基板温升小，能获得化合物镀层。可用于镀机械制品、电子器件、装饰品。

(10) 团离子束镀

用电阻加热，从坩埚中喷出集团状蒸发颗粒。依靠电子发射或从灯丝发出电子的碰撞作用进行离化。这种方法的特点是：基板温升小，既能镀纯金属膜又能直接镀化合物膜。可用于镀电子器件、音响器件。

(11) 多弧离子镀

用阴极弧光进行加热使膜材汽化。依靠蒸发原子束的定向运动使反应气体(或真空)离化。用于镀机械制品、刀具、模具。

真空蒸镀作为一种无公害的技术,特别是在节约能源、降低成本、扩大塑料、玻璃和金属的附加功能等方面日益显示出它的优越性。

(二)真空蒸镀金属复合材料

金属包装材料用途广泛,但制造工艺较为复杂,以往生产成本高,浪费大,而今一些国家采用连续生产线生产,使真空蒸镀金属薄膜技术有了新的进展。

1. 镀金属膜和镀金属纸

真空蒸镀金属是继电镀等表面处理法之后,根据对包装和装饰材料膜类的表面处理的需要发展起来的一种颇具生命力的、可适用于多种被蒸镀基材的表面处理工艺。

最先采用的方法是将金属加热汽化后,再冷凝在基材上。工艺过程全部在抽成一定真空(例如剩余压力为标准大气压的1/1000000)的密闭容器中进行。另外,要求被蒸镀的基材表面必须极其平整洁净,使附着面积和附着力完全符合要求,以保证所镀金属制品的表面质量。具体方法是将基材安装在真空容器中的可调遮板的缝隙之上,加热的金属在空气中逐渐汽化为金属蒸汽后穿过此缝隙而喷镀于基材之上。基材则由卷动机构带动,以需要的速率卷绕。因此,蒸镀的金属扫描成蒸镀的面积,使在基材上均匀蒸镀一层金属超薄层而成为镀金属薄层。此技术最先应用于制造香烟的内包装纸,随后应用于制造糖果、茶叶的包装袋材料,后被广泛应用于包括制镜在内的各种需要镀膜的工件上,可以达到意想不到的功能和效果。

目前有多种金属可以用于蒸镀金属的原材料,但是在包装技术领域里应用得最广、最普遍且最有实用经济价值的应首推铝(具有高纯度的铝材)。在直接真空蒸镀法中的金属镀层的厚度为 $0.007 \sim 0.008$ mm,最近已开发的新一代转移法真空镀金属中所蒸镀的金属厚度只有前者(直接法)的 1/5000 左右(约为 0.000015mm)。

过去国外以及目前国内大部分采用直接法进行真空镀金属工艺,缺点是耗金属量相对较多,对基材的平整度和光洁度要求较高,特别是制造所谓"镀铝纸"时,除对作为基材的纸张要求具有极佳的平整、光洁度外,因纸含水量较多(10%左右),在高真空和较高温度下易失水变脆,使工艺更加复杂,产品成本也相对提高。

以上两种方法目前存在的问题均是不能连续生产,只能在真空炉中逐炉进行批量生产。这是当今国外工业发达国家正在研究的课题,并且在诸如日本、美国等国家已经开发了设备较为庞大的真空镀金属包装用膜的连续生产线。

2. 镀铝纸及其复合物

真空镀铝纸及其复合物的最大用途莫过于用作香烟的内衬包装纸以取代过去的铝箔复合纸。真空镀铝纸的应用于以下几方面。

(1)镀铝纸复合物。香烟内、外部包装,口香糖包装,礼品包装,花卉包装,贴墙装饰和建筑工业的隔音材料等。

(2)软包装。饼干包装,巧克力包装和冰激凌包装等。

(3)折叠箱(盒)。化妆品包装,液体包装,药物包装,牛奶盒式包装和糖果包装等。

(4)商品标牌、贴签等。啤酒商标,各种饮料商标和贴签等。

真空金属蒸镀技术已有多年历史。从最初的直接法真空镀金属到转移法真空镀金属,无论在产品质量、原材料节省和工艺路线的先进合理等方面均有令人瞩目的飞跃。直至将间隙性批量生产的方式改进为连续式生产线生产的方式,更是一个高层次的飞跃。真空蒸镀金属技术的跃进式的发展动态,应引起我国包装业的充分关注。

3.真空蒸镀塑料薄膜

塑料薄膜在真空中蒸镀铝、锌等金属已有二十余年的工业化历史。蒸镀金属后的薄膜具有金属光泽和导电性,用来制造金银丝、贴花等装饰品和电容器。近年来由于这种材料具有优良的综合性能,又比较经济,因此在包装方面的应用发展很快。随着薄膜的成型和表面处理技术的改进,再加上真空中镀膜既省能又无公害,所以塑料薄膜的真空镀膜技术日益受到人们的重视,真空蒸镀薄膜的用途也越来越广泛。

(1)薄膜真空镀膜技术

在塑料薄膜表面形成金属膜,经常采用的方法有真空蒸镀、无电解电镀、热分解和溶液涂层等。真空蒸镀法可以得到高纯度的金属膜,又无三废污染,是一种较理想的成膜方法。它是在真空中使金属材料汽化,凝聚在薄膜的表面,形成金属膜。根据金属材料性质的不同,汽化方法也有所差异。

①真空蒸镀。在真空度中将金属材料加工到熔点以上,使汽化的金属分子(原子)在高真空中遇到被冷却的薄膜凝聚在表面上,形成金属膜。在蒸镀时由于蒸发源的辐射热和金属蒸汽的凝聚潜热,会使薄膜温度上升,从而产生收缩和变形。为了防止变形,选择合适的薄膜材料和冷却滚筒是很重要的。使蒸镀金属汽化的加热方法有电阻加热、电感应加热和电子束加热三种。

②喷镀。使真空中辉光放电产生的惰性气体离子加速冲击靶的表面,撞击原子利用喷镀使行进中的薄膜表面形成膜。它的主要优点是几乎能使各种金属、合金和化合物都成膜,而且容易制备大面积膜。但是,在辉光放电时,会造成薄膜的热损伤。近年来,由于磁控喷镀法实用化,使喷镀成膜能在低温下高速进行,大大促进了在塑料薄膜方面的应用。

(2)薄膜材料及蒸镀材料

真空镀膜用的薄膜要求有一定的耐热性、机械强度和优良的尺寸稳定性。聚酯薄膜是比较理想的材料,能适应多种用途需要。近年来，由于成膜和表面处理技术的改进，聚丙烯、聚乙烯、尼龙薄膜等也能使用，但与聚酯薄膜相比，性能都较差，不适用于各种特殊需要。

容器一般用 $1.5\sim16\mu m$ 厚的薄膜，装饰和包装常用 $9\sim30\mu m$ 厚的薄膜，特殊用途也有需 $100\mu m$ 厚的薄膜。至于薄膜的宽度，按需要而定，一般在 $30\sim200cm$ 内。蒸镀时每一个卷筒可卷取 $6000\sim30000m$ 长的薄膜。

膜表面蒸镀的材料根据需要各不相同。电容器一般蒸镀铝和锌，装饰和包装材料绝大部分使用铝，也有少量蒸镀银、铬、金、铂等金属的。根据特殊用途，可蒸镀钢、锡、钴、镍、铁、铜、硒、碲、钯、SnO_2、SiO_2 等各种金属和化合物。除单层蒸镀外，还有蒸镀二层、三层以至多层的，主要用于透明导电涂层、红外反射、电磁记录和电子照相等领域。

蒸镀材料用得最多的是铝，因为它富有金属光泽、导电性好以及与薄膜有较强的附着力。还有一些优点是其他材料所不及的，如耐温性优良、能遮蔽紫外线、价格便宜、蒸镀容易等。

真空蒸镀薄膜主要用来制造电容器、装饰品和包装材料，由于它具有导电性、可挠性和薄形化等特点，应用范围极其广泛。

二、等离子体技术及材料表面处理

(一)等离子体技术概述

材料表面处理技术是目前材料科学的前沿领域，利用它在一些表面性能差和价格便宜的基材表面形成合金层，取代昂贵的整体合金，节约贵金属和战略材料，从而大幅度降低成本。激光束、电子束、离子束同为高能密度束，由于能量密度高、穿透性强，已广泛应用于金属表面改性。

压缩电弧等离子束表面处理技术是近年来发展的一种材料表面处理新技术。它的特点在于获得高的表面加热、冷却速度或直接把元素注入或熔入材料表面,通过改变材料表面的物理结构或化学组分,使材料的性能得以显著改善和提高。

等离子体是一种电离的气态物质,存在具有一定能量分布的电子、离子和中性粒子,在与材料表面撞击时,会将自己的能量传递给材料表面的分子和原子,产生一系列物理和化学反应。一些粒子还会注入材料表面引起碰撞、散射、激发、重排、异构、缺陷、晶化及非晶化,从而改变材料的表面性能。

(二)等离子体技术的分类

根据温度不同,等离子体可分为高温等离子体和低温等离子体(包括热等离子体和冷等离子体)。高温等离子体的温度高达$10^6 K \sim 10^8 K$,在太阳表面、核聚变和激光聚变中获得。低温等离子体的温度为室温$\sim 3 \times 10^4 K$,热等离子体一般为稠密等离子体,冷等离子体一般为稀薄等离子体。

在材料表面改性技术中,溅射、离子镀、离子注入、等离子化学热处理工艺应用的是在低压条件下放电产生的低压(冷)等离子体,而等离子喷涂、等离子淬火及多元共渗相变强化、等离子熔覆或表面冶金等工艺中应用的是低温等离子体中的稠密热等离子体,通常指压缩电弧等离子束流。

1. 低压(冷)等离子体表面处理技术

近年来,低压等离子体在表面镀膜、表面改性及表面聚合方面发挥着越来越重要的作用。

(1)溅射和离子镀

①溅射镀膜。溅射镀膜是基于离子轰击靶材时的溅射效应,采用的最简单装置是直流二极溅射,其他类型的溅射设备有射频溅射、磁控溅射、离子束溅射等,其中磁控溅射由于沉积速率高,是目前工业生产应用最多的一种。

磁控溅射的基本原理是:辉光放电加热工件,源极的合金元素在离子轰击下被溅射出来,高速飞向工件(阴极)表面,被工件表面吸附，借助于扩散过程进入工件表面，从而形成渗入元素的合金层。

该工艺的优点是：等离子体向工件表面持续提供高浓度的渗入金属元素，而高能粒子的轰击，使金属表面出现高密度位错区，导致渗入原子既沿晶界又向晶内扩散，特别是沿位错沟扩散，极大地提高了渗入元素的扩散速度。通过调整渗入金属源及工艺参数，很容易按要求控制渗层组织。阴极溅射效应可有效去除表面氧化物，且工件又是在真空中进行处理，不会再生氧化膜。渗入元素是固体合金元素，且材料利用率高的，无公害，工作环境好。

②离子镀。离子镀是在真空条件下利用气体放电使蒸发物质部分离化，并在离子轰击作用的同时把蒸发物或其反应物沉积在工件表面，具有附着力强、绕射性好、可镀材料广泛等优点。

离子镀在近年发展很快，由电子束离子镀、空心阴极放电离子镀、激励射频法离子镀到电弧放电真空离子镀及多弧真空离子镀，镀膜效率显著提高。目前离子镀最广泛的应用是在刀具上涂镀 TiN、TiC 等超硬膜层。

等离子体增强磁控溅射离子镀（PEMSIP）是在磁控溅射和离子镀的基础上研发的一种新型 PVD 技术。PEMSIP 中的电子发射源和活化源使电子数量和动能增加，电子与中性粒子的碰撞几率随之增加，因此增加了等离子体的密度，使进入基片阴极鞘层和沉积到基片表面上的正离子数量增加，在阴极鞘层中被加速的二次电子的有效碰撞进一步提高离化率，强化了离子镀效应。利用该技术沉积的 TiN 涂层，膜基之间存在 50nm 厚的过渡层，膜基之间的结合力强，膜层硬度高。

（2）离子注入

传统的束线离子注入是一种"视线过程"，对几何形状复杂的零件很难发挥作用，因而其应用范围有限。等离子体基离子注入自 1987 年提出后受到人们极大的重视，但它却是近十年发展迅速的一种新兴的表面改性技术，它不但消除了传统离子注入的视线过程,解决了其在机械零件及工模具上的应用问题,而且在每一脉冲注入过程中都包含着注入、溅射和沉积多元过程,根据需要控制适当的工艺条件可同时全方位地注入多种元素,并控制注入元素的浓度分布和注入深度,形成所需要的过饱和固溶体、亚稳相和各种平衡相以及一般冶炼方法无法获得的合金相和金属间化合物,可直接获得马氏体硬化表面,得到所需要的表面结构和性能。

等离子体基离子注入工艺的特点:进入晶格的离子浓度不受热力学平衡的限制(相平衡、固溶度),且能注入互不相容的物质。注入在室温、低温下进行,不会引起材料热畸变。注入离子与基体没有明显的界面,注入层不会脱落。

(3)等离子化学热处理

等离子化学热处理的基本原理是:将工件置于真空室内,其间充以适当分压的渗剂气体(氮气或碳氢化合物),在外加直流电压的作用下,电子从工件向真空室壁运动,当含渗剂的混合气体分子被电子碰撞离化时,产生辉光放电。新形成的正离子将向工件加速,当与工件表面发生碰撞时,与工件表面的化学元素相结合。高能粒子对工件表面的轰击造成温度升高,促进所需元素在工件表面的渗入,形成扩渗镀层。

其工艺特点是:①够较好地控制工件表面最终的成分结构,例如辉光离子渗氮可不形成混合相和化合物区,从而使渗氮层脆性减小;②可在较低的温度下进行扩渗,并且有较快的沉积速率;③节约能源、气源,无公害。

2.热等离子体表面处理技术

用于金属材料表面处理的热等离子体技术通常指压缩电弧(转移弧或非转移弧)等离子束流,主要包括等离子喷涂(焊)、等离子表面淬火与合金共渗相变强化、等离子熔覆(表面冶金)以及微弧氧化。

(1) 等离子喷涂

等离子喷涂（焊）是获得材料表面功能涂层的有效手段，广泛应用于工程（结构）涂层。等离子喷涂的原理是：气体进入电极腔内，被电弧加热离化电子和离子的平衡混合物，形成等离子体，通过喷嘴时急剧膨胀形成亚音速或超音速的等离子流。喷涂粉末颗粒被加热熔化，有时还与等离子体发生复杂的化学反应，随后被雾化成细小的熔滴，喷射到基体上，快速冷却，形成沉积层。等离子喷涂是集熔化、雾化、快淬、固结等工艺于一体的粉末固结方法，形成的组织致密晶粒。由于等离子束流的高温作用，等离子喷涂特别适合于喷涂难熔金属、陶瓷和复合材料涂层。

(2) 等离子束表面淬火与合金共渗相变强化

等离子表面淬火是应用等离子束将金属材料表面加热到相变点以上，随着材料自身的冷却，奥氏体转变成马氏体，在表面形成由超细化马氏体组成的硬化带，具有比常规淬火更高的表面硬度和强化效应。同时，硬化层内残留有相当大的压应力，从而增加了表面的疲劳强度。利用这一特点对零件表面实施等离子淬火，则可以提高材料的耐磨性和抗疲劳性能。而且，由于等离子表面淬火速度快，进入工件内部的热量少，由此带来的热畸变小（畸变量为高频淬火的 1/10～1/3）。因此，可以减少后道工序（矫正或磨制）的工作量，降低工件的制造成本。此外，该工艺为自冷却方式，是一种清洁卫生的热处理方法。利用等离子表面淬火对铸铁、碳钢、合金钢的典型零件的处理，都能显著提高其使用性能和延长其使用寿命。

(3) 等离子束熔覆（等离子表面冶金）

等离子束熔覆技术是采用等离子束为热源，在金属表面获得优异的耐磨、耐蚀、耐热、耐冲击等性能的表面复合层技术。

基本原理是：在按照程序轨迹运行的等离子束流的高温下，金属零件表面快速依次形成与弧斑直径尺寸相近的熔池，将合金或陶瓷粉末同步送入弧柱或熔池中，粉末经快速加热，呈熔化或半熔化状态与熔池金属混合扩散反应，随着等离子弧柱的移动，合金熔池迅速凝固,形成与基体呈冶金结合的涂层。

目前等离子束熔覆大多采用喷涂用 Ni 基、Co 基和 Fe 基自熔合金粉末。向自熔合金中添加 WC、TiC 等陶瓷相及陶瓷相形成元素,可形成陶瓷复合涂层或梯度涂层。热喷涂粉末结晶温度区间大,应用于等离子束熔覆时,涂层气孔和裂纹倾向较大。等离子熔覆属于一种表面快速冶金过程,可得到符合相图的各种合金,也可得到远离平衡的超合金。

熔覆材料的引入方式将直接影响熔覆层的质量和服役性能。预引入法(或预涂敷法)易于涂敷混合成分的粉末,但难以使预置层厚度均匀,基材的熔深和稀释率不易控制,多道搭接时易翘曲,黏结剂挥发易造成粉末飞溅和形成气孔。另外,生产效率低,粉末浪费大。

等离子束熔覆是一种快速非平衡凝固过程,同时具有过饱和固溶强化、组织强化、弥散强化和沉淀强化等不可忽视的作用。与激光熔覆、电子束熔覆相比,等离子束熔覆是一种优质、高效、低成本的表面熔覆技术。

(4)微等离子体氧化

微等离子体氧化又称等离子体增强微弧氧化,是一种直接在有色金属表面原位生长陶瓷氧化膜的方法。

基本原理是:将 Al、Ti、Mg 等金属或其合金置于电解质水溶液中,利用电化学方法,使材料表面产生火花放电斑点,在等离子体化学、热化学和电化学的共同作用下生成陶瓷膜层的阳极氧化反应。在微等离子体氧化过程的初始阶段,生成一层具有电绝缘特性的金属氧化膜,使电场强度达到能使电解质和氧离子离化、放电的数值。在此强电场作用下,电解质离子和氧离子进行碰撞、离化、汽化,电子通过隧道效应穿过氧化物禁带,而后在导带被加速导致覆层被击穿,产生等离子体放电。氧离子、电解质离子与基体金属强烈结合,在放电产生的极高温度下,在基体表面进行熔覆、烧结,形成具有陶瓷结构的膜层。利用微等离子体技术生长出的致密的氧化物陶瓷薄膜厚度可达几百微米,与基体的结合力强,尺寸变化小,且耐磨损、耐腐蚀、耐热冲击,在某些方面可以替代陶瓷喷涂技术。

微等离子体氧化也有其自身的缺点:①由于反应速度没有得到有效的控制,制备出的陶瓷膜层的均匀性、结构稳定性差;②由于能量过分集中而产生基体烧蚀等现象;③处理过程中能耗过大且工艺成本高,在一定程度上限制了其广泛应用。目前微弧氧化技术在国内外都没有进入大规模的工业应用阶段。

参考文献

[1]实用技工技术教材编写组.现代包装材料与技术应用[M].广州:广东科技出版社,2008.

[2]骆光林.绿色包装材料[M].北京:化学工业出版社,2005.

[3]刘春雷.包装材料与结构设计(第2版)[M].北京:文化发展出版社,2015.

[4]王建清.包装材料学[M].北京:中国轻工业出版社,2009.

[5]杨玲,安美清.包装材料及其应用[M].成都:西南交通大学出版社,2011.

[6]王桂英,张群利,徐淑艳.包装材料学[M].哈尔滨:东北林业大学出版社,2009.

[7]戴宏民.新型绿色包装材料[M].北京:化学工业出版社,2004.

[8]柯贤文.功能性包装材料[M].北京:化学工业出版社,2004.

[9]唐志详.包装材料与实用包装技术[M].北京:化学工业出版社,1996.

[10]孙俊华,彭康珍,林罗发.包装材料与包装技术[M].广州:暨南大学出版社,1992.

[11]骆光林.包装材料学(第2版)[M].北京:印刷工业出版社,2011.

[12]尹章伟.包装材料、容器与选用[M].北京:化学工业出

版社,2003.

[13]刘全校.包装材料成型加工技术[M].北京:文化发展出版社,2016.

[14]隆言泉.造纸原理与工程[M].北京:中国轻工业出版社,1994.

[15]卢谦和.造纸原理与工程[M].北京:中国轻工业出版社,2004

[16]刘忠.制浆造纸概论[M].北京:中国轻工业出版社,2014.

[17]谢来苏.制浆原理与工程[M].北京:中国轻工业出版社,2001.

[18]陈嘉翔.制浆原理与工程[M].北京:中国轻工业出版社,1990.

[19]沈一丁.造纸化学品的制备及其作用机理[M].北京:中国轻工业出版社,1999.

[20]王小妹,阮文红.高分子加工原理与技术[M].北京:化学工业出版社,2006.

[21]齐淑娥.板带材生产技术[M].北京:冶金工业出版社,2015.

[22]朱鸿祥,蒋峰,孙铁海.镀铝薄膜技术[M].北京:化学工业出版社,2011.

[23]翟金平,胡汉杰.聚合物成型原理及成型技术[M].北京:化学工业出版社,2011.

[24]黄锐.塑料成型工艺学[M].北京:中国轻工业出版社,2005.

[25]李玉平,高朋召.无机非金属材料工学[M].北京:化学工业出版社,2011.

[26]徐文达,程裕东,岑伟平,包海蓉.食品软包装材料与技术[M].北京:机械工业出版社,2003.

[27]江谷.复合软包装材料与工艺[M].南京:江苏科学技术

出版社,2003.

[28]张理,李萍.包装学(第 2 版)[M].北京:北京交通大学出版社,清华大学出版社,2005.